KNOWLEDGE OF BEER

# 開始享受啤酒的
# 第一本書

一般社団法人日本ビール文化研究会、
日本ビアジャーナリスト協会　監修

張秀慧　譯

Cicerone 認證酒侍　鍾偉凱　審校

5

奧地利

 p.94
Zillertal
Pils Premium
Class

 p.95
Edelweiss
Snowfresh

 p.96
Gösser
Gösser Pils

 丹麥

 p.97
Carlsberg

 p.98
Mikkeller
Black Hole
Imperial Stout

 荷蘭

 p.99
La Trappe
Blond

 p.100
Heineken

 p.101
Grolsch
Premium Lager
Swing Top

義大利

 p.102
Moretti
Moretti Beer

俄羅斯

 p.103
Baltika
No.9

美國

 p.109
Anchor
Brewing
Anchor Steam
Beer

 p.110
Green Flash
Brewing
West Coast
IPA

 p.111
Stone
Brewing
Ruination IPA

 p.112
Kona
Brewing
Fire Rock Pale
Ale

 p.113
Epic Brewing
Smoke & Oak

 p.114
Boston Beer
Samuel Adams
Boston Lager

 p.115
Lagunitas
Brewing
Lagunitas IPA

 p.116
Southern Tier
Brewing
Unearthly
Imperial IPA

 p.117
Coronado
Brewing
Orange
Avenue Wit

 p.117
SKA Brewing
Modus
Hoperandi IPA

墨西哥

 p.118
Rogue Ales
Deadguy Ale

 p.118
Victory
Brewing
Prima Pils

 p.119
Blue Moon
Brewing
Blue Moon

 p.119
Anheuser-
Busch
Budweiser

 p.120
Cerveceria
Modelo
Corona Extra

 p.121
Cerveceria
Modelo
Negra Modelo

中國

 p.125
青島啤酒

新加坡

 p.126
Tiger
Lager Beer

泰國

 p.127
Singh
Lager Beer

斯里蘭卡

 p.128
Lion
Stout

 印尼

 p.129
Bintang

菲律賓

 p.130
San Miguel
Pale Pilsen

台灣

 p.131
台灣啤酒
金牌

越南

 p.131
Saigon
Export

日本

 p.134
Kirin

Asahi p.135

 Sapporo p.136

 Yebisu p.137

 Suntory p.138

 Orion p.139

日本（在地啤酒）

 Swan Lake Beer p.142
Amber Swan Ale

 COEDO 啤酒 p.143
COEDO 紅赤 -Beniaka

 Sankt Gallen p.144
湘南黃金

 Baird Beer p.145
Suruga Bay Imperial IPA

 箕面啤酒 p.146
柚子 HO 和 ITO

東日本篇

  YO-HO Brewing p.147
Yona Yona Ale

銀河高原啤酒 p.147
小麥啤酒

 Echigo Beer p.148
紅愛爾

 OH!LA! HO BEER p.148
Kölsh

 AqulaBier p.148
櫻花酵母小麥啤酒

 志賀高原啤酒 p.148
IPA

 岩手藏啤酒 Japanese p.149
藥草愛爾山椒

 羅曼蒂克村 p.149
餃子浪漫

 湘南啤酒 p.149
Schwarz 黑啤酒

 North Island Beer p.149
棕色愛爾

西日本篇

 常陸野 Nest 啤酒 p.149
白愛爾

 富士櫻高原麥酒 p.149
煙燻啤酒

 松江啤酒 Hearn p.150
緣結麥酒司陶特

  讚岐啤酒 p.150
Super Alt

Brewmaster Amaou p.150
Noble Sweet

 薩摩 gold p.150

 石垣島在地啤酒 p.150
Marine 啤酒

 吳啤酒 p.150
大麥酒

 宮崎 Hideji Beer p.150
宮崎芒果拉格

 大山 G 啤酒 p.151
皮爾森

 Nagisa p.151
美式小麥啤酒

 伊勢角屋 p.151
淺色愛爾

  盛田金鯱啤酒 p.151
名古屋紅味噌拉格

# 令人意外?!
# 關於啤酒的常識

全世界的啤酒種類相當多,其中有色澤呈金色的,
但也有偏黑色的。而酒精濃度從2%到10%以上皆有。
現在就向你介紹這個多姿多采的啤酒世界。

啤酒顏色
只有金色
和黑色?

BUDWEISER
(美國)

LION STOUT
(斯里蘭卡)

湘南黃金
(日本)

　　啤酒有什麼樣的特色?你會怎麼回答呢?大部分的人對啤酒的印象,應該是「呈現透明的金色,酒精濃度約5%。帶著苦澀,而且含有二氧化碳的酒」吧。

　　但啤酒也有許多不同種類(類型)。除了淺黃色外,其他也有黑色等各種不同顏色,而酒精濃度除了有2～3%的之外,也有超過10%的啤酒。

　　有些啤酒散發出果香、烘焙香氣,或是會讓人聯想到青草的香氣。而味道也有略帶苦澀的、甘甜的,帶點微酸的。有些啤酒冰涼之後比較美味,但也有保持室溫會

不是喔

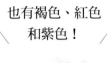

也有褐色、紅色
和紫色！

MAI UR BOCK
（德國）

LINDEMANS CASSIS
（比利時）

SAMUEL SMITH'S ORGANIC
PALE ALE（英國）

比較順口的啤酒。有口感清爽的，也有口感醇厚的，能夠品味到不同的風味。之所以會有如此多采多姿的風味，全都因為麥芽、啤酒花、水和酵母組合的比例不同而有此變化。另外也有啤酒會加入其他的副材料。

我想，沒有比啤酒更有趣的酒了。能夠一探這既有深度且多樣化的啤酒世界，相信不論是在哪個時候，或是哪個地方，還是和誰，搭配哪種美食都可以找到適合的啤酒。啤酒的隨和程度超乎我們的想像。

# 超過一萬種的經典酒款
# 啤酒深受全世界的喜愛

啤酒的製造遍布世界各地,而製造技術也不斷地進步,
經典酒款超過了一萬種。
啤酒的生產主要分布在歐洲、北美和亞洲各地。

## 富含歷史與傳統文化的啤酒

# EUROPE 歐洲

在義大利、西班牙、法國等能夠採收葡萄的地區,飲食生
活多離不開紅酒。但是在位置較為偏北的地方,則會以麥
子替代葡萄進行釀酒。尤其德國、捷克、比利時、英國、
愛爾蘭等地區所釀造出來的啤酒,皆具有該地區獨特的特
徵。有些地方甚至有數百年以
上歷史和傳統的啤酒廠。

在日本,最常飲用的酒精飲料應該是
「啤酒」吧。在日本,只要不是完全不喝
酒的人,那麼應該沒有任何成年人是沒有
喝過啤酒的。

但就因為啤酒是日本人最熟悉的酒,
而我們也常聽到人家說「就先點杯啤酒
吧」,可見啤酒常會被拿來「充數」。有
不少人對威士忌的品牌,或是紅酒的年

份,還是日本酒的磨米百分比數值十分講
究,但對於啤酒,大部分的人可能連品牌
都不太在意。

如此「隨興的啤酒」,在世界酒界中又
佔有什麼樣的地位呢?我想如果日本人走
進英國的酒吧和比利時的啤酒咖啡屋,德
國的啤酒屋,或是美國的精釀啤酒吧,想
必會非常困惑。因為侍者會說:「啤酒的

## 發展快速的啤酒

## AMERICA 美國

由於北美原住民本身並無釀酒文化，因此是以殖民宗主國的啤酒類型為基礎，開始製造啤酒。從淡拉格啤酒（Light Lager）發展的美國，經過了禁酒令和大型企業兼併等事件，目前為精釀啤酒（Craft Beer）的先驅國。

## 適合日本人口味

## ASIA 亞洲

目前並未發現和亞洲啤酒有直接關係的啤酒文化。與北美相同，亞洲的啤酒是從歐洲引進的。雖然斯里蘭卡等英國殖民地仍遺留有頂層發酵啤酒文化，但自皮爾森啤酒開始流行之後，皮爾森啤酒也開始在亞洲流行，目前以淡拉格啤酒為主流。

種類很多，請問想喝哪一款呢？」

對日本人來說，「隨興」雖然代表著啤酒已深入了生活當中，並且認為只有冒著細緻泡沫的金黃色啤酒。但這真的相當可惜。世界上還有其他色、香、味，酒精濃度不同的啤酒，單就啤酒款式來看，就超過了一萬種以上。

# 了解各款啤酒的類型，
# 增加享受的樂趣。

想要更了解啤酒，就要知道各款啤酒的「類型」。
讓我們一起探索各種啤酒的類型吧！

## 世界上有超過一百種以上的啤酒！
## 那麼各款啤酒的類型呢？

在日本，通常會以像是黑啤酒類等「類別」做表示，但是其他國家，一般都是以「類型」來稱呼。

啤酒的類型會先以「頂層發酵」、「底層發酵」和「自然酸釀」的發酵方式來做區分。然後再依照生產國、顏色、酒精濃度、苦澀味、香氣等做詳細的分類。

在各地的啤酒大賽中，通常會以啤酒類型來介紹各款啤酒，而比較詳細的啤酒分類，甚至會超過一百三十種以上。

## 知道各款啤酒的類型，
## 就能了解對啤酒的偏好了。

在選擇啤酒時，要是能先了解啤酒類型的話，那麼在未開瓶之前就能大致掌握啤酒的特色。而這也就是為何在啤酒酒標上會特別標示出啤酒類型。尤其是國外產的啤酒和手工精釀啤酒，幾乎都會註明啤酒類型。

舉個例子，如果酒標出現了「美式淺色愛爾」文字，那麼大致可推測出這是一款「帶著美國產啤酒花的柑橘調香氣、苦味」特色的啤酒。

# 了解類型前，
# 請先記住一些專門用語吧！

為了能精確描述啤酒，必須要先知道品酒用語。
請先記住下面幾個關鍵詞。

## 基本用語

### 香氣
入口前鼻子嗅到的氣味。

### 風味
含於口中時的香氣和風味，調和感以及酒香在口腔結束時的口感。

### 外觀
成色、透明度、泡沫綿密度、泡沫持久性等，表現啤酒倒進啤酒杯內的狀態。

### 酒體
啤酒入喉的口感。容易入口的是輕盈，不易入喉的是醇厚，而介於兩者則是順口。

---

## 表現香氣和風味的用語

**焦糖味**
砂糖焦化的的香氣。

**烘焙香味**
烤麵包時所聞到的香氣。

**煙燻味**
讓人想起煙燻、煙味、柴火的氣味。

**酯香味**
水果香氣。

**酚味**
讓人聯想到丁香的辛香味。

**丁二酮**
散發出奶油糖和奶油的氣味。

**DMS（二甲基硫）**
打開玉米罐頭時的氣味。

**日光臭**
類似貓咪尿或動物臭，令人感到不舒服的氣味。

## 描述外觀的用語

**泡沫持久性**
Head是指啤酒倒進酒杯時產生的泡沫。而head retention則是指泡沫的持久性。

**低溫白濁（chill haze）**
啤酒低溫時的混濁狀態。蛋白質是引起混濁的原因。

13

# 從世界上各種啤酒類型找出喜歡的吧！

原則上，每一種類型都有其發源地。
請找出哪個國家出產哪一種類型的啤酒，
先找到喜歡的國家，然後再嘗試那個國家的啤酒類型也不錯喔！

## 啤酒的發酵方式主要分成兩種

啤酒類型可以大致區分成，以高溫發酵，香氣較濃的「頂層發酵」以及低溫發酵，較清爽的「底層發酵」兩種。

由德國、捷克、比利時發源的啤酒類型傳播到各地之後，加入了該地的特色，衍生出另一種新的啤酒類型。 其中又以美國受到人氣高漲的精釀啤酒影響，發展出許多「美國啤酒類型」。

其他也有以野生酵母製作的「自然酸釀」，以及「混合釀造」等，無關是頂層或底層發酵的啤酒類型。

在了解多樣的啤酒類型之前，最好先知道發酵的特徵。

### 德國
**GERMANY**　　　　　　　　p.24

主流是拉格。充滿了地區特色。

**愛爾（頂層發酵）**
▶ 科隆啤酒（Kölsch）
▶ 老啤酒（Altbier）
▶ 小麥啤酒（Weizen）
　／白啤酒（Weissbier）

**拉格（底層發酵）**
▶ 淺色啤酒（Helles）
▶ 德國皮爾森啤酒（German Pilsner）
▶ 深色啤酒（Dunkel）
▶ 十月慶典啤酒（Oktoberfestbier）
▶ 黑啤酒（Schwarzbier）
▶ 勃克啤酒，雙倍勃克啤酒（Doppelbock）、
　冰析勃克啤酒（Eisbock）、
　春季勃克啤酒（Maibock）
▶ 煙燻啤酒（Rauchbier）
▶ 多特蒙德啤酒(Dortmunder Bier)

### 比利時
**BELGIUM**　　　　　　　　p.48

添加藥草或香料的啤酒類型很多。

**愛爾（頂層發酵）**
▶ 比利時小麥白啤酒（Belgian White Ale）
▶ 比利時淺色愛爾（Belgian Pale Ale）
▶ 比利時烈性淺色愛爾（Belgian Strong Pale Ale）
▶ 比利時烈性深色愛爾（Belgian Dark Strong Ale）
▶ 季節特釀啤酒（Saison）
▶ 特色啤酒（Special Beer）
▶ 法蘭德斯紅愛爾（Flanders red ale）
▶ 法蘭德斯棕愛爾（Flanders brown ale）
▶ 雙倍啤酒（Dubbel）
▶ 三倍啤酒（Triple）
▶ 修道院啤酒（Abbey beer）

**自然酸釀發酵**
▶ 自然酸釀啤酒（Lambic）

## 🇬🇧 英國
### THE UNITED KINGDOM                        p.72

特徵是帶有芬芳的香氣，以愛爾啤酒為主。

#### 愛爾（頂層發酵）
英式淺色愛爾（English style pale ale）
英式棕色愛爾（English-Style Brown Ale）
英式印度淺色愛爾（English style Indian Pale Ale）
ESB
英式苦啤酒（English Bitter）
波特啤酒（Porter）
蘇格蘭烈性愛爾（Scotch Ale）
帝國司陶特啤酒（Imperial Stout）
蘇格蘭愛爾（Scottish Ale）
大麥酒（Barley wine）

## 🇮🇪 愛爾蘭
### IRELAND                        p.73

風味深沉，帶有苦味的司陶特啤酒最受歡迎。

#### 愛爾（頂層發酵）
愛爾蘭式乾爽司陶特（Irish Dry Stout）
愛爾蘭式紅愛爾（Irish Red Ale）

## 歐洲
### EURORE                        p.90

最受世界啤酒愛好者歡迎的皮爾森啤酒。

#### 拉格（底層發酵）
國際皮爾森啤酒

##  捷克
### THE CZECH REPUBLIC                        p.90

皮爾森啤酒的故鄉。主要生產皮爾森啤酒和深色拉格啤酒。

#### 拉格（底層發酵）
▶ 波希米亞皮爾森啤酒（Bohemian Pilsner）

> ### 各國獨特啤酒類型
> 以類型發源地作為啤酒的分類較容易明白。主要的國家以德國、捷克、英國、比利時和美國為主。

## 🇦🇹 奧地利
### AUSTRIA                        p.90

深受德國的影響，主要生產皮爾森啤酒和小麥啤酒。

#### 拉格（底層發酵）
▶ 維也納拉格（Wiener-style）
　／（Vienna-style）

## 🇺🇸 美國
### THE UNITED STATES OF AMERICA                        p.108

最多人飲用的是美式拉格啤酒。精釀啤酒的愛好者也急速增加。

#### 愛爾（頂層發酵）
▶ 美式淺色愛爾（America style Pale ale）
▶ 美式印度淺色愛爾（America style Indian Pale Ale）
▶ 帝國印度淺色愛爾（Imperial Indian Pale Ale）

#### 拉格（底層發酵）
▶ 美式拉格（淡拉格／琥珀拉格）
▶ 加州大眾啤酒（California Common Beer）
　／蒸氣啤酒（Steam Beer）

## 發源地不明
### THE BIRTHPLACE IS UNKNOWN                        p.108

重新啟用傳統藥草的啤酒類型。

▶ 咖啡調味啤酒（Coffee Flavor Beer）
▶ 巧克力啤酒（Chocolate Beer）
▶ 藥草／辛香料啤酒
▶ 桶陳啤酒

15

# 如何釀造啤酒？

啤酒也可稱為麥芽酒，是以麥芽作為原料所釀造的酒，
除了麥芽外，其他原料還包括了啤酒花、水、酵母。
（有時也會加入其他副原料）

啤酒的基本原料

## 麥芽

主要原料是大麥。但
其他也會使用小麥、燕
麥、裸麥等。幾乎都會
先製成麥芽（將麥粒
浸泡在水中，促使其發
芽，然後再迅速地
加熱乾燥）後再
使用。

## 水

淺色愛爾和深色拉格等顏色
較深，味道較醇厚的啤酒使
用硬水，而像是皮爾
森啤酒等顏色清透
口感爽冽的啤酒則
適合使用軟水。

## 啤酒花

大麻科的多年生蔓生草本植
物。有稱為「球花」的毬果。
是影響啤酒苦味、香
氣、泡沫持久性的
重要材料，同時也
具有防腐的作用。

## 酵母
（真菌）

直徑5～10微米的微生物。
能將糖轉換成酒精和二
氧化碳等。頂層發
酵酵母、底層發酵
酵母，或製作自然
發酵啤酒的野生酵母
皆屬之。

　啤酒的主要原料有麥芽、啤酒花、水
和酵母。而依據每一種原料使用分量的不
同，可釀出各種不同風味的啤酒。不過就
算是使用同樣的麥芽，加入同樣的水以及
使用相同的啤酒花，只要酵母不同就會釀
出香氣和風味完全不同的啤酒。同樣的，

酵母、水和啤酒花相同，但是使用的麥芽
不同，顏色和香氣也會不一樣。

　而如果使用了香料、水果、咖啡、巧克
力等副原料，就能製作出帶有獨特風味的
啤酒了。

# PART 1

# 世界
# 各地的
# 啤酒

啤酒世界是很廣大的。首先了解一下世界各地所生產的啤酒，以及各國啤酒的精選款吧！

# Europe 歐洲

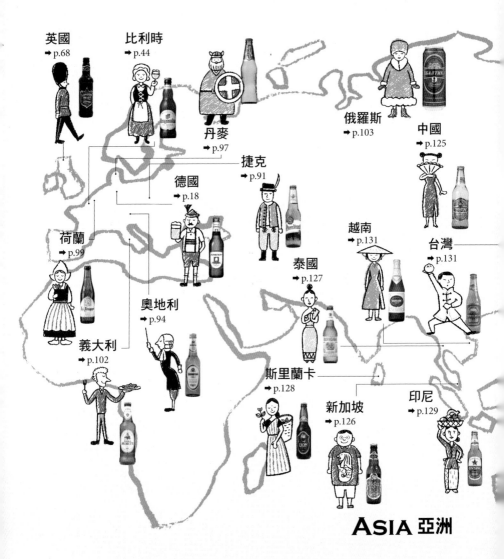

英國
➡ p.68

比利時
➡ p.44

丹麥
➡ p.97

捷克
➡ p.91

德國
➡ p.18

荷蘭
➡ p.99

奧地利
➡ p.94

義大利
➡ p.102

俄羅斯
➡ p.103

中國
➡ p.125

越南
➡ p.131

台灣
➡ p.131

泰國
➡ p.127

斯里蘭卡
➡ p.128

新加坡
➡ p.126

印尼
➡ p.129

# Asia 亞洲

AMERICA 美國

美國
➡ p.106

# 美味享受世界
## 136 款啤酒

— 日本
➡ p.132

金色、紅色、棕色、黑色等顏色相當繽紛，
連泡沫都十分炫目的啤酒世界。
啤酒不但能讓我們享受到各種風味和香氣，
而且啤酒瓶、啤酒杯的設計都相當吸引人。
我們在此挑選出風味、外觀設計、歷史都令
人玩味的各款啤酒。
當然，能夠品嘗到美味啤酒才是最棒的！
如果有令你心動的啤酒，請一定要去試試！

— 菲律賓
➡ p.130

墨西哥
➡ p.120

# 德國

**GERMANY**

日本人熟悉的拉格啤酒發
源地，受到法律保護的精
純啤酒格外具有魅力。

目前日本最受歡迎的啤酒類型是以低溫長時間熟成的拉格啤酒，而它是在15世紀前後，於南德誕生的啤酒。拉格啤酒的成色偏向於金黃色，酒體清爽，喝起來十分順口，讓人為它著迷。因18世紀所發明的冷藏技術，讓世界各地的人都能品嘗到拉格啤酒。日本最早接觸到拉格，大概是在明治初期。剛開始，日本是以英國的愛爾啤酒為主流，但是喝起來清爽的德國拉格啤酒逐漸嶄露頭角。甚至有日本人前往德國學習釀造啤酒，拉格啤酒也因此成為日本人熟悉的啤酒。

德國啤酒美味的秘訣。就是能反映德國人重視法律與喜愛啤酒民族性的「純酒令」。1516年，由當時的巴伐利亞公爵威廉四世訂定，規定啤酒的原料只有「麥芽、啤酒花、水（後來追加了酵母）」。這是最早的食品品質保證法。雖然法律制定之後已經過了五百多年，但德國國內製造販售的啤酒卻仍遵循著這條法律。

而南德的都市慕尼黑，就是啤酒純粹令的發源地，同時也是生產優質啤酒的「啤酒之都」。在秋天，會舉辦世界最大規模的啤酒祭典「慕尼黑啤酒節」，吸引世界各地啤酒迷前來朝聖。

歷史悠久的德國，啤酒不但是一種嗜好品，甚至是生活及文化的一部分。在啤酒廠，經常可以看見高中老師帶著學生前來參觀。在德國，只要滿16歲就能喝啤酒。所以在參觀啤酒廠之後，這群高中生可以品嘗剛做好的啤酒。

# 地區地圖

各地的啤酒代表

## 北部

Flensburger Pilsner

福倫斯堡皮爾森啤酒

北德代表性的爽口啤酒。糖度較低，強調啤酒花帶出的柔和香氣及苦味。風味清新爽冽。

**Uerige Alt Classic**

釀造廠

赤銅色，啤酒花的苦味明顯，味道相當豐富。在杜塞道夫老城區，聚集了多家餐廳和酒吧，號稱「世界最長的吧檯街」，其中最受歡迎的便是Uerige酒吧。

## 西部

Dom Kölsch

商標上印有著名的科隆大教堂。在大教堂周圍有許多科隆啤酒廠直營的商店。金黃色，口感如香檳般爽口。

## 東部

Köstritzer Schwarzbier

俾斯麥德國頂級黑啤酒

在舊東德的巴德克斯特里茨（Bad Koestritz）村製造的黑啤酒。村莊本來就是有溫泉的療養勝地，所以這款啤酒也被當作營養補給品飲用。風味強健但順口，香氣富於深度。

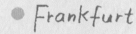

**SPATEN OKTOBERFEST BEER**

斯巴登十月慶典啤酒

在慕尼黑有600年歷史，能夠在世界最大啤酒節「慕尼黑啤酒節」供應啤酒的指定啤酒廠之一。特別為啤酒節釀造的一品，在啤酒節以稱為Mass，容量達1公升的特大啤酒杯提供。

## 南部

（巴伐利亞、慕尼黑）

**PAULANER SALVATOR**

寶隆納薩爾瓦多啤酒

修道院在斷食期間喝的啤酒。開始販售給一般市民後，因為酒精濃度高，所以相當受歡迎。有許多啤酒廠會販售在字尾加上「-tor」的雙倍勃克啤酒（p.25）。

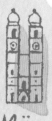

# 隨地區而有不同風貌的德國啤酒

德國大約有1300家啤酒廠，啤酒品項超過了5000種，每人每年的啤酒消費量約是107.6公升（2011年）。此消費量是日本的2.5倍。每一個城鎮至少會有一家啤酒廠，而德國人民最愛的還是當地啤酒。

## 北部

歷史上與漢薩同盟（Hansabund）的貿易十分頻繁，是一個風光明媚的地方。啤酒有著綿密細緻泡沫，酒體呈現美麗金黃色，喝起來尾韻乾爽，幾乎沒有甜味。相對於南德充滿風味且顏色較深的啤酒，地理位置越是往北，啤酒花的香氣和苦味越重，而啤酒顏色則越淡。

## 東部

第二次世界大戰後，被劃分至東德的地區。雖因被共產主義體制統治而物質缺乏，還是堅持繼續生產當地類型的啤酒。統一後，雖規模不大，但還是有許多繼續生產樸實啤酒的啤酒廠。

## 慕尼黑

德語中，慕尼黑就是「僧侶街」的意思，在慕尼黑和其近郊有許多的修道院。為了補充修道士在斷食期間所需營養而製造的，就是雙倍勃克啤酒（p.25）。

## 巴伐利亞地區

日本較為熟知的，像是「慕尼黑啤酒節」以及「啤酒廣場」等啤酒文化，大多在南德舉辦。德國國內的啤酒廠中，超過半數都建於南部的巴伐利亞。而且以生產啤酒花有名的哈勒陶（Hallertau）也是在這個地區。

## 西部

德國啤酒雖然以底層發酵釀造法為人所知，但也維持傳統的頂層發酵釀造法。搭乘快速電車往來科隆和杜塞道夫，只需要30分鐘就可抵達，但是這兩個地方卻是水火不容，在足球與政治領域更是競爭關係。因此彼此無法在自己的地盤喝到對方的啤酒。

18世紀之前，德國是由許多小國（既有領土國家）聚集而成，因此啤酒是自產自銷。而啤酒類型也具有該地區特色，直到現在仍可品嘗到。

南部巴伐利亞地區的啤酒廣場也是獨特的風俗之一。冬天結束之後，他們會在公園和廣場擺放長桌舉辦啤酒大會。巴伐利亞地區有所謂的啤酒廣場條例，就是在有綠意圍繞的環境，可將長椅擺放在樹蔭下，另外就是能夠自己帶食物參加。

在科隆和杜塞道夫等西部都市，在舉辦啤酒大會時，會場會以200毫升左右的細長玻璃杯裝啤酒，只要客人沒有將杯墊蓋在玻璃杯的杯口，那服務人員就會不斷地幫你倒啤酒。

而在南德，啤酒會用一種稱為Mass，1公升的特大啤酒杯或是500毫升的玻璃杯提供啤酒。而比較會在戶外喝酒的夏天，杯墊就具備了防止落葉掉進玻璃杯的功用。

# STYLE
## 德國主要的啤酒類型

### 愛爾（頂層發酵）
**ALE**

#### 科隆啤酒

在科隆製造的淺色啤酒。雖然有著類似夏多內白酒的溫和甜味，但因為是將頂層發酵的酵母以底層發酵的低溫來熟成，所以口感也相當爽冽。只有在科隆生產的啤酒才叫做科隆啤酒，其他的則稱為「科隆風格」。

#### 老啤酒

從18世紀開始，在杜塞道夫近郊生產的深色啤酒。德語的ALT是「老」的意思，是相對於當時底層發酵的新類型而取名為「老啤酒」。其特徵是帶有水果的香味。苦味的範圍相當廣，從微苦到重苦都有。

### 拉格（底層發酵）
**LAGER**

#### 淺色啤酒／慕尼黑淺色啤酒

在德國南部慕尼黑製造的啤酒。Helles的德文意思是「淺色」，就如字面上的意思，此款啤酒顏色淺，且苦味較少，口感清爽為其特色。

#### 深色啤酒

跟淺色啤酒一樣，都是在慕尼黑製造的啤酒。就如Dunkel是德語「黑暗」的意思，此款啤酒的顏色較深。口感清爽溫順。

#### 德國皮爾森啤酒

是出產於捷克皮爾森的皮爾森啤酒德國版。釀造廠分布於德國全境。北部製造的帶有濃烈啤酒花苦味，口感乾爽銳利，而德國南部生產的苦味較輕，麥芽風味較為明顯。

#### 十月慶典啤酒
##### （梅爾森啤酒）

此款啤酒是在9月到10月，世界最大的啤酒慶典「慕尼黑啤酒節」喝的啤酒。也稱為梅爾森啤酒（Märzen）。麥芽風味和酒精濃度都比皮爾森啤酒要強烈。

## 小麥啤酒／白啤酒

（酵母小麥啤酒Hefeweizen、水晶小麥啤酒Kristallweizen、
深色小麥啤酒Dunkles Weizen）

誕生於南德的小麥啤酒。Weizen
是小麥的意思。傳統的酵母小麥啤
酒會因內含酵母顯得混濁，所以也
稱為Weiß（德語的「白色」）。

有過濾掉酵母的水晶小麥啤酒，以
及顏色較深的深色小麥啤酒。
散發著香蕉和丁香的香氣，苦味較
少的啤酒。

### 黑啤酒

源自巴伐利亞的啤酒。Schwarz的德
文意思是「黑」，所以此款啤酒的
顏色是黑色的。麥芽經過烘焙的香
氣是其特色。

### 煙燻啤酒

源自南部都市班貝格的啤酒。因
使用煙燻過的麥芽，所以帶著煙
燻味。傳統的作法是用山毛櫸來
煙燻。

### 勃克啤酒

酒精濃度較高的啤酒。Doppel的德
文意思是「兩倍」，表示酒精濃度更
高。冰析勃克是將勃克冷凍後，讓它
的酒精濃度更高而成。而春季勃克啤
酒是在5月（Mai）喝的。

### 多特蒙德啤酒

此款啤酒承襲了多特蒙德生產的
皮爾森啤酒製法，和皮爾森啤酒
相較之下，啤酒花的苦味與香氣
較弱，酒體較厚，風味也較飽
滿。

引導啤酒廠走向近代化，具歷史意義的啤酒。

# Spaten
## 斯巴登
Munich Helles Premium Lager

**LABEL**
Spaten的德文意思是「鏈子」，而鏈子兩旁的「G」和「S」是奠定啤酒廠基礎的嘉伯瑞・塞德麥爾（Gabriel Sedlmayr）釀酒師的名字縮寫。

喝起來清爽。散發西洋梨的果香以及麥芽的甜。

 氣味●像剛從烤爐烤出來的麵包香氣。啤酒花的氣味也很溫和。
**香氣**

風味●些微的苦味，全體被很舒服的麥芽甜味所包圍。特色是帶著西洋梨和茉莉花般清新的風味。

 淺透明黃。泡沫如白色蕾絲般的細緻。
**外觀**

 中等。麥芽的甜和恰如其分的酒精濃度，會讓人驚豔的溫順口感。
**酒體**

〈主要酒款〉
· Optimator
· Oktoberfestbier

**DATA**

**Munich Helles Premium Lager**
類型：慕尼黑淺色啤酒（底層發酵）
原料：大麥麥芽、啤酒花、水
內容量：355ml
酒精濃度：5.2%
生產：Spaten Franziskaner啤酒廠

口感
香味　　醇厚
苦味　　酸味
甜味

創業於1397年的斯巴登啤酒廠，對啤酒業現代化有很大的貢獻。

19世紀是以頂層發酵的愛爾為主流，但是斯巴登啤酒廠的嘉伯瑞・塞德麥爾與維也納技師一起成功分離出底層發酵（拉格）酵母。當時才剛發明的冷凍機首次應用在啤酒釀造，確立了低溫熟成的底層發酵啤酒製法。

斯巴登啤酒廠同時也是世界最大的啤酒祭典慕尼黑啤酒節的六大指定啤酒廠。也是首度將梅爾森啤酒命名為十月慶典啤酒的啤酒廠。因此為表敬意，在啤酒節的首日，慕尼黑市長會敲開斯巴登酒桶，表示為期兩周的慕尼黑啤酒節正式開始。

## 符合歡樂節慶的慶典啤酒

# Spaten
## 斯巴登
Oktoberfestbier

**LABEL**
世界最大啤酒祭「慕尼黑啤酒節」出道的啤酒，標籤上印有載滿斯巴登啤酒酒桶的豪華馬車。

香氣

**氣味●**讓人想到白桃的微甜麥芽香，以及焦糖的焦香。

**風味●**淡檸檬香，及堅果般的麥芽香，入喉後口腔留有餘韻。

外觀

橘黃色。白色泡沫，且會在啤酒杯邊緣膨起。

酒體

中等～飽滿。酒精濃度雖然強，但鮮活的二氧化碳氣泡讓口感變得清爽。

**DATA**

**Spaten Oktoberfestbier**
類型：梅爾森啤酒／十月慶典啤酒（底層發酵）
原料：大麥麥芽、啤酒花、水
內容量：500ml
酒精濃度：5.9%
生產：Spaten Franziskaner 啤酒廠

梅爾森（Märzen）啤酒，是在釀造夏天啤酒的最後月份，三月（März）所釀造的。在冷藏技術不發達的時代，在徹底進行防止酸壞的管理下釀造的啤酒，不但品質高而且很美味。也因此在慕尼黑啤酒節獲得好評。

## 德國最為人熟知的頂級啤酒

# Bitburger
## 碧柏格
Premium Pils

**LABEL**
標籤是以白色和金黃色設計而成的，與啤酒色澤和泡沫相互輝映。仿佛讓人想起維多利亞時代的標籤。

香氣

**氣味●**剛割完草的清新草香，以及青蘋果的清香。

**風味●**清新且高雅的麥芽香，以及溫和的啤酒花香。餘韻是烘焙過的麥香。

外觀

深金黃色。泡沫是純白的，且如蛋白霜蓬鬆。

酒體

輕～中等。清新的麥芽風味和高雅的啤酒花苦味搭配得剛剛好。

**DATA**

**Bitburger Premium Pils**
類型：皮爾森啤酒（底層發酵）
原料：大麥麥芽、啤酒花、水
內容量：330ml
酒精濃度：4.8%
生產：Bitburger 公司

位於德國西部的名水之鄉比特堡的啤酒廠，使用嚴選材料，以傳統的長期低溫發酵釀造。烘焙過的麥芽風味，以及高雅、清新的啤酒花苦味搭配在一起，相當順口，在德國國內相當受到喜愛。

創造德國歷史的慕尼黑淺色啤酒

# Hofbräu München

## HB 皇家啤酒
Original Lager

**LABEL**
印有位於慕尼黑的皇家啤酒館圖案。在HB字母上面的皇冠象徵了巴伐利亞公爵的宮廷啤酒廠。

慕尼黑傳統的拉格啤酒是稱為「Dunkel（深色）」的褐色啤酒，但為了和19世紀後半流行的捷克皮爾森啤酒對抗，開發了「Helles（淡色）」類型的啤酒。慕尼黑的水含較多礦物質，所以相較於啤酒花，更強調麥芽的細緻風味。

 **氣味** ●麥芽的香氣帶著花一般的甜美。
香氣
**風味** ●像是曬乾的麥稈，麥芽散發出的烘焙香氣充滿在口腔內。苦味淡，有著甘甜的餘韻。

 麥子般的金黃色。泡沫細緻綿密。
外觀

 中等酒體。入口時強烈，但進入喉嚨卻又很溫順。
酒體

〈主要酒款〉
· Dunkel
· Münchner Weisse
· Schwarze Weisse
· Mai Bock
· Oktoberfestbier

**DATA**

**Hofbräu München Original Lager**
類型：慕尼黑淡啤酒（底層發酵）
原料：大麥麥芽、啤酒花、水
內容量：330ml
酒精濃度：5.1%
生產：Hofbräu München啤酒廠

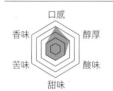

口感
香味　　醇厚
苦味　　酸味
甜味

　　拜訪慕尼黑的遊客必去的觀光景點「皇家啤酒館」，是全世界頗負盛名的啤酒館。在洋溢著節慶氣氛的寬廣店內，穿著民族服飾的樂隊演奏愉快的巴伐利亞樂曲。而來自世界各國的啤酒愛好者也一同高唱「乾杯歌（Ein Prosit）」，開心暢飲啤酒。

　　「皇家啤酒館」是1589年由巴伐利亞公爵威廉五世建造的宮廷啤酒廠，同時也成為慕尼黑啤酒釀造的領頭者。現為邦立啤酒廠，生產的慕尼黑啤酒行銷全世界。

　　德國的啤酒館會替熟客安排稱為「Stammtisch」的座位，尤其是長年累月的熟客可以將自己專用的啤酒杯寄放店內。對慕尼黑居民來說，能夠在「皇家啤酒館」寄放啤酒杯是相當光榮的。

世界最古老的修道院附屬啤酒廠所製造的啤酒

# Weltenburger

## 德國威騰堡修道院啤酒

Barock Dunkel

## LABEL

背景是在必須自給自足的時代，有著紅色屋瓦和高塔的修道院，以及田園與森林，前方有多瑙河流經。

〈主要酒款〉

· Pils
· Asam Bock
· Barock Hell
· Hefe-Weißbier Hell
· Hefe-Weißbier Dunkel
· Anno 1050

曾經多次獲得World Beer Cup（兩年一次，在美國舉辦的最具權威的啤酒大賽）和DLG（德國農業協會的品質保證）等多個國內外大獎。

 **香氣**　氣味●在烘烤過的麥芽香氣之後，隱隱透出芬芳的啤酒花香氣。
風味●麥芽散發出巧克力碎片餅乾的甘甜香氣。最後殘留著烤麵包和醬油的烘焙香氣。

 **外觀**　褐色帶著些微的紅。具透明感。泡沫是巧克力牛奶般的褐色。

 **酒體**　中等酒體。顏色雖然很深但酒精濃度卻不重，清爽，容易入口。

### DATA

**Weltenburger Barock Dunkel**
類型：深色啤酒（底層發酵）
原料：大麥麥芽、啤酒花、水
內容量：500ml
酒精濃度：4.7 %
生產：Weltenburger修道院附屬啤酒廠

口感 / 醇厚 / 酸味 / 甜味 / 苦味 / 香味

目前仍在運作的修道院附屬啤酒廠中，威騰堡修道院附屬啤酒廠是最古老的。修道院起源於7世紀，且留下了1050年曾製造過啤酒的紀錄，與維恩雪弗（p.37）及安德克斯（p.30）皆是以古老著稱的啤酒廠。

威騰堡修道院位於多瑙河旁，當初建於此，正是為了要與世俗隔絕，專心侍奉上帝。如今必須從雷根斯堡搭船渡過湍急的多瑙河，或者是開車駛過懸崖邊的道路，才能抵達這個陸上孤島。每當多瑙河河水氾濫，修道院就會面臨被淹沒的危險。這裡不光是以啤酒著名，巴洛克類型的美麗修道院以及金光閃閃的祭壇也相當有名。在夏天，中庭會舉辦啤酒花園，參加者可品嘗到新鮮釀製的啤酒。

包括季節限定的啤酒在內，釀造約10種左右的啤酒，每一款都深受好評。

顧慮環保，風味深長的一款啤酒

# Andechs

## 安德克斯
Weissbier Dunkel

**LABEL**
所有安德克斯啤酒的酒標都是修道院和丘陵，但顏色各有不同。

〈主要酒款〉
· Spezial Hell
· Export Hell
· Doppelbock Dunkel
· Weissbier Hell
· Bock Hell（p.31）

即使是在頒布了純酒令，禁止使用小麥的時代，修道院仍遵循傳統的小麥釀造手法製造。原料的一部分是使用烘焙過的大麥，因此在香蕉般的果香之外，另外還有微微的烘烤香氣。

香氣

**氣味**●散發出巧克力香蕉般的甘甜香氣，也有些許肉桂和荳蔻的辛香味。
**風味**●酵母的香氣又甜又有果香。烘烤過的麥芽帶有焦糖的香氣。

外觀

帶紫的深褐色。看起來有點混濁。泡沫綿密，略帶黃。

酒體

中等～飽滿。酸味相當溫和，非常順口。

**DATA**

**Andechs Weissbier Dunkel**
類型：深色小麥啤酒（頂層發酵）
原料：大麥麥芽、小麥麥芽、啤酒花、水
內容量：500ml
酒精濃度：5.0%
生產：Andechs修道院附屬啤酒廠

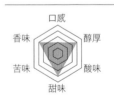

位於慕尼黑西南部，被綠意和湖泊圍繞的安德克斯修道院，至今仍是巴伐利亞最大的教會巡禮地。中世紀本篤會的修道院不但能自給自足，同時也設置了可招待修道者的設施，具備了小村落的功能。另外也有聚集了知識分子的智囊團，特別是針對健康食品的研究更為先進。現在教會位於安德克斯山丘的山頂，仍有啤酒廠、餐廳、啤酒花園、住宿設施、豢養家畜的小屋，以及肉鋪，草藥園等設施，可一窺中世紀修道院的面貌。以傳統製法生產的火腿及乳製品、麵包都很健康且美味。在周末，慕尼黑的居民會來此地野餐。

啤酒廠的外觀是古老的木造房屋，但內部設施已現代化。在複雜的電腦上方高掛著十字架，現在仍抱持著感謝上帝的心，繼續釀造美味啤酒。

## 森鷗外也喝過的特別修道院啤酒
# Andechs
### 安德克斯
Bock Hell

**LABEL**
和Weissbier Dunkel
（p.30）一樣，酒標上
都畫著修道院和山丘。
顏色則是銀色。

香氣

**氣味**●給人溫暖的酒精
氣息。再加上清爽且新
鮮的啤酒花香氣。
**風味**●烤成金黃色的餅
乾和檸檬蛋糕的香味。

外觀

鮮明的金黃色。泡沫白
皙綿密。

酒體

中等～飽滿。溫暖的酒
精和碳酸刺激著舌尖。
新鮮的啤酒花香氣給人
清新的感覺。

**DATA**

**Andechs Bock
Hell**
類型：春季勃克
（底層發酵）
原料：大麥麥芽、
啤酒花、水
內容量：500ml
酒精濃度：7.0%
生產：Andechs
修道院附屬啤酒廠

　聽說這是留學德國的森鷗外，在1886
年拜訪此地時品嘗過的啤酒。

　酒精濃度較強烈，卻很順口。不會太
甜，麥芽風味和些微的啤酒花香複雜的
重疊。

## 在最北的港口製造的乾爽啤酒
# Flensburger
### 弗倫斯堡
Pilsener

〈主要酒款〉
· Dunkel
· Weizen
· Gold

**LABEL**
與北海各國都有貿易往
來的海港，在酒標上畫
有大海、船隻和市章的
獅子和紅色高塔。

香氣

**氣味**●柔和清新的啤酒
花香。
**風味**●麥芽味道較輕。
明顯的啤酒花味道，清
新的香氣充滿口腔。

外觀

呈現明亮的金黃色。白
色綿密的泡沫停留在杯
中，久久不散。

酒體

中等。苦味和強烈的碳
酸刺激著舌頭，清爽的
口感讓人滿足。

**DATA**

**Flensburger
Pilsener**
類型：皮爾森啤酒
（底層發酵）
原料：大麥麥芽、
啤酒花、水
內容量：300ml
酒精濃度：4.8%
生產：Flensburger
啤酒廠

　在德國最北邊的海港所生產的乾爽啤
酒。明顯的啤酒花苦味為其特色，爽冽
的口感在德國也是數一數二的。不需要
開瓶器就能打開，開瓶時會聽到「砰」
的一聲。

修道院製造的「液體麵包」

# Paulaner

## 寶萊納

Salvator

## LABEL

木板上方畫的是一個僧侶把倒滿啤酒的酒杯遞給貴族。商標上的人像是15世紀出生於義大利保拉的聖方濟各。

〈主要酒款〉
· Oktoberfestbier
· Hefe-Weißbier Dunkel
· Hefe-Weißbier Alkoholfrei
· Münchner Dunkel

每年三月，在鄰接啤酒廠的會館舉辦「烈性啤酒節（Starkbierfest）」，和慕尼黑啤酒節一樣熱鬧。

 **香氣**
氣味●焦糖的甘甜，加上威士忌般的酒香。
風味●果乾的甜香。烤成金黃色的餅乾香味，以及些微的雪茄菸草味。

**外觀**
略帶紅的褐色。泡沫是淡褐色，綿密且持久性佳。

**酒體**
飽滿。可感受到酒精的濃郁。幾乎沒有啤酒花的香氣，但是會在舌尖留下令人舒服的苦澀味。

### DATA

**Paulaner Salvator**
類型：雙倍勃克啤酒（底層發酵）
原料：大麥麥芽、啤酒花、水
內容量：330ml
酒精濃度：7.9%
生產：Paulaner啤酒廠

口感
香味　　醇厚
苦味　　酸味
甜味

由寶萊納的方濟會修道士，在1634年建造的修道院所製造的啤酒。凝縮了麥芽的精華，使得酒精濃度較高，此款啤酒是為了幫助修道士度過在四月耶穌復活節所進行的，歷時兩個星期的斷食而製造的「液體麵包」。

從1780年，以「Salvator（救世主）」之名開始對外販售，而其他啤酒廠爭相模仿，在所製造雙倍勃克啤酒的名字後面加上「－tor」。啤酒廠位於流經慕尼黑市內的伊薩爾河東南的諾克亨堡山丘，鄰接的啤酒花園和餐廳同時也是市民休憩的場所。而在慕尼黑啤酒節會場特蕾西亞草坪的南邊，有自家釀造的酒館，能夠直接品嘗在酒館地底下釀製的新鮮啤酒。除雙倍勃克啤酒之外，其他還有小麥啤酒和淺色啤酒等各種不同類型的啤酒。它同時也是足球強隊「拜仁慕尼黑」的贊助廠商。

## 承繼王室專賣的小麥啤酒
# Schneider Weisse
## 斯奈德
### TAP7 Unser Original

〈主要酒款〉
· TAP 1 Meine Blonde Weisse
· TAP 2 Mein Kristall
· TAP3 Mein
  Alkoholfreies
· TAP4 Mein
  Grunes
· TAP5 Meine
  Hopfenweisse
· TAP6 Aventinus
· Aventinus
  Weizen-Eisbock

香氣
氣味●肉桂的辛香和香蕉的香味。
風味●熱帶水果、小麥和烘焙過堅果的香氣，味道相當豐富。

外觀
溫暖的橘色。泡沫略帶黃色，而且相當豐厚。

酒體
中等～飽滿。濃厚綿密並點綴著淡淡的酸和辛香味。

( **DATA** )
Schneider
Weisse TAP7
Unser Original
類型：酵母小麥啤酒
（頂層發酵）
原料：大麥麥芽、小麥麥芽、啤酒花、水
內容量：500ml
酒精濃度：5.4%
生產：Schneider
啤酒廠

　　創始人格奧爾格·斯奈德一世（Georg Schneider I）從王室獨家購買了小麥白啤酒釀造權，「TAP7」就是延續1872年當時的釀酒技術所製造的。在位於慕尼黑中心位置的「白啤酒屋」直營店，可以喝到全世界最美味的白啤酒，受到當地民眾的喜愛。

## 喝過就無法忘懷的香醇啤酒
# Schneider Weisse
## 斯奈德
### Aventinus Weizen-Eisbock

**LABEL**
酒標上的人像是16世紀記載巴伐利亞歷史並繪製地圖的歷史學家，約翰尼斯·圖爾馬亞（Johannes Thurmayr），他因出生地而以Aventinus之名行世。

香氣
氣味●丁香和肉桂的辛香，以及水果乾的濃縮甜香。
風味●葡萄乾、李子、堅果、熟香蕉等，多層次的味道。

外觀
紅褐色，很有深度的顏色。泡沫帶點灰色。

酒體
飽滿。有濃縮的香氣和強烈酒精帶來的溫暖。

( **DATA** )
Schneider Weisse
Aventinus
Weizen-Eisbock
類型：小麥冰析勃克
（頂層發酵）
原料：大麥麥芽、小麥麥芽、啤酒花、水
內容量：330ml
酒精濃度：12.0%
生產：Schneider
啤酒廠

　　以專門製造小麥啤酒（白啤酒）聞名的斯奈德啤酒廠釀製的冰析勃克。將同廠釀造的，酒精濃度相當高的「TAP6 Unser Aventinus」冷凍後，去除結冰的水分，讓酒精濃度和麥芽濃度更為提高。

在慕尼黑廣受歡迎的勃克啤酒始祖

# Einbecker

## 艾恩貝克

Mai-Ur-Bock

**香氣**
氣味●割草後可嗅到的清新草香以及甜香。還有天然蜂蜜般的淡淡香氣。
風味●蘋果般的微酸，及剛出爐餅乾的烘焙香氣。

**外觀**
帶點紅的深金黃色。

**酒體**
中等～飽滿。能讓人品嘗到明顯的麥芽性格，以及感受到酒精的溫暖。

## LABEL

象徵勃克啤酒始祖，以字母E設計的皇冠。帶光澤的酒標看起來很具高級感。

這是為了五月慶典所釀製的季節性勃克啤酒。味道醇厚，但些微的辛香味卻又能讓人感受到春天的清新。從三月底出貨，五月中旬就會銷售一空。

〈主要酒款〉
· Pils
· Ur-Bock Hell
· Alcohol-Free
· Dunkel

**DATA**

**Einbecker Mai-Ur-Bock**
類型：春季勃克（底層發酵）
原料：大麥麥芽、啤酒花、水
內容量：330ml
酒精濃度：6.5%
生產：Einbecker啤酒廠

口感
香味　　醇厚
苦味　　酸味
甜味

在勃克啤酒發祥地的艾恩貝克製造的啤酒，而UR-BOCK就是「勃克啤酒始祖」的意思。17世紀，啤酒釀造中心艾恩貝克的釀酒師以慕尼黑的底層發酵製法，開始釀造勃克啤酒。而原意的「艾恩貝克」卻被誤傳成「勃克」，希望能像公羊（Bock）一樣強壯。

大概從1250年開始，在艾恩貝克一般家庭也會釀造啤酒，把煮沸鍋放在附有大型車輪的台車上，以馬車逐戶銷售。為了讓大型煮沸鍋能夠通過，所以即使現在仍可看到老舊房舍的入口建蓋成拱門形狀。17世紀發生的30年戰爭將街道破壞殆盡，一般民家無法再自行釀酒。於是，市民在後巷設置新的公共啤酒廠，也就是現在的艾恩貝克啤酒廠的由來。宗教改革的倡導者馬丁‧路德也讚揚，「對人類來說，最好喝的飲料就是艾恩貝克啤酒。」

歌德也喜愛的黑巧克力般的黑啤酒

# Köstritzer

克斯特里茨

Schwarzbier

## LABEL

新款酒標上是原先經營酒廠的當地貴族徽章。舊款酒標則是喜愛此款啤酒的歌德畫像。

Schwarz是德語黑色的意思。如字面所示，啤酒外觀是深黑色的。黑巧克力的甘苦味。顏色看起來很深，但味道並不厚重，而是相當的爽口。

 **氣味**●烘焙麥芽的些許苦味和香味。還有可可亞和堅果的香氣。

香氣 **風味**●讓人想到黑巧克力的味道。散發出無花果馥郁的香氣。

 深黑色。透過光線來看，帶有些許的紅色。泡沫則

外觀 帶淡淡的古銅色。

 中等。乾爽的口感，因為使用底層發酵酵母，所以

酒體 酒體並不像顏色看來那麼重。

### DATA

**Köstritzer Schwarzbier**

類型：黑啤酒（底層發酵）
原料：大麥、啤酒花、水
內容量：330ml
酒精濃度：4.8%
生產：Köstritzer啤酒廠

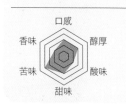

位於萊比錫西南50公里的巴德克斯特里茨小鎮所釀造的啤酒，因受到德國文學家歌德喜愛而聞名。從友人的書信可知「歌德不喝湯也不吃肉，他只要有啤酒和小麵包就能活。到了餐廳只會點俾斯麥德國頂級黑啤酒，或者褐色啤酒」。可見歌德非常愛喝這款啤酒。

創立於1543年。在允許使用副原料的舊東德時期，市面上也販售加砂糖的啤酒。1950年以前，販售的啤酒只有木桶裝而沒有瓶裝，因此市民要拿空瓶去購買當晚要喝的，或當作禮物的啤酒。1991年納入Bitburger Brauerei公司旗下，銷售通路變寬，其知名度之高，只要提到德國頂級黑啤酒就會想到「克斯特里茨」。

可先從9℃的冰啤酒開始喝，接著等待溫度稍微升高，香氣更為濃郁時再品嘗。不同的喝法有不同的樂趣。

飄散著煙燻味風格強勁的燻製啤酒

# Schlenkerla

## 什倫克拉

Rauchbier Märzen

**LABEL**
Aecht是古老
德文「真正的」
意思。

〈主要酒款〉
· Rauchbier Weizen
· Helles Schlenkerla Lagerbier
· Rauchbier Urbock

在國內外獲獎無數。因為口味相當有個性，所以品嘗者的好惡非常明顯，喜歡的人會喝上癮。跟煙燻起司和培根一起享用最搭。

 **香氣**
氣味●強烈的煙燻味。也有和蘇格蘭威士忌和黑咖啡很類似的氣味。
風味●燃燒過木頭所滲出的油脂香氣。烤焦的吐司和炒過的堅果香氣，與煙燻香氣一起從口腔竄到鼻腔。

 **外觀**
帶紫的漆黑。泡沫略帶褐色，而且相當豐厚。

 **酒體**
飽滿。嘴巴會有明顯的煙燻味。口感滑順，而且還有淡淡的酸味。

**DATA**

**Schlenkerla Rauchbier Märzen**
類型：煙燻啤酒（底層發酵）
原料：大麥麥芽、啤酒花、水
內容量：500ml
酒精濃度：5.1%
生產：Heller啤酒廠

口感
香味　醇厚
苦味　酸味
甜味

從1678年開始，由具有相當歷史的什倫克拉啤酒廠所釀製。啤酒廠所在地的班貝格舊市區留有中世紀的復古街景，所以也有「小威尼斯」之稱。優美的街景已登錄在UNESCO世界文化遺產中。

Rauch在德文是「煙」的意思。而如其名，這是一款煙燻味極為強烈的啤酒。釀製「煙燻啤酒」的基本原料，麥芽，會直接用燃燒櫸木的火來烘焙乾燥。麥芽因為

煙燻而散發獨特的風味。使用的櫸木產自法蘭克尼亞當地，且必須放置3年乾燥後才能使用。在啤酒廠直營的餐廳裡可品嘗到用木桶裝的煙燻啤酒，吸引了不少觀光客前往。

市區內的10間啤酒廠中，經常會釀製煙燻啤酒的只有什倫克拉和休貝茲亞爾兩間。什倫克拉生產的啤酒特色就是煙燻味相當強烈。

出自現存最古老啤酒廠的可愛小麥啤酒

# Weihenstephaner

## 維恩雪弗

Kristall Weissbier

Germany

**香氣** 氣味●未成熟香蕉的清新香氣，以及讓人聯想到夏多內白酒的甘甜氣味。
風味●纖細的花香，及熱帶水果豐富溫醇的香氣。

**外觀** 清澈的金黃色。泡沫綿密且豐厚。

**酒體** 輕。清爽的口感，容易入口。

**LABEL**
兩隻獅子支撐著徽章的設計，象徵了巴伐利亞公營企業。下緣的「ALTESTE BRAUEREI DER WELT」是世界最古老啤酒廠的意思。

因為過濾掉酵母，所以小麥啤酒特有的香蕉香氣較不明顯。讓初次嘗試小麥啤酒的人也能容易入口的一款。

〈主要酒款〉
· Hefe Weissbier
· Hefeweissbier Dunkel

**DATA**

**Weihenstephaner Kristall Weissbier**
類型：水晶小麥啤酒（頂層發酵）
原料：大麥麥芽、小麥麥芽、啤酒花、水
內容量：500ml
酒精濃度：5.4%
生產：Weihenstephaner啤酒廠

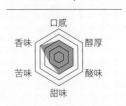

口感
香味　　　醇厚
苦味　　　酸味
甜味

　　維恩雪弗啤酒廠建於慕尼黑北邊，靠近機場的佛萊辛丘，是世界最古老的啤酒廠。此啤酒廠始於725年，本篤會傳教士所建造的修道院，1040年開始釀造啤酒。

　　過去曾因為拿破崙的攻擊而關閉，如今是以巴伐利亞公營企業的身分經營。啤酒廠並與慕尼黑工科大學合作，聚集了世界各地的研究者和學生，成為啤酒釀造學的研究重鎮。身為最古老的啤酒廠，不僅擁有傳統和地位，同時在啤酒廠內也設置許多研究設施，致力於新技術的開發。啤酒廠四周充滿綠意，也有餐廳和露天啤酒座，可以品嘗剛釀製的啤酒。

　　除了「水晶小麥啤酒」外，含有酵母的「酵母小麥啤酒」也相當有名。此品牌不但生產啤酒，也有牛奶和乳酪等乳製品，在慕尼黑市民的餐桌上時常可見。

## 溫潤充滿水果香的小麥啤酒
# Franziskaner
### 方濟會
Hefe-Weissbier

〈主要酒款〉
· Hefe-Weisse Dunkel
· Weissbier Kristallklar

**LABEL**
酒標上畫了方濟會修道士，象徵了啤酒廠的歷史和緣由，以及卓越的品質。

 **香氣**
氣味●丁香般的辛香以及水果馥郁的香氣，還帶有剛烤好的麵包香。
風味●成熟香蕉的甘甜，及些微柑橘類和酵母的風味。

**DATA**

Franziskaner
Hefe-Weissbier
類型：酵母小麥啤酒（頂層發酵）
原料：小麥麥芽、大麥麥芽、啤酒花、水
內容量：355ml、500ml
酒精濃度：5.0%
生產：Spaten Franziskaner 啤酒廠

 **外觀**
因含有大量酵母而呈現略帶白色的混濁橘色。泡沫細緻且豐厚。

 **酒體**
中等～飽滿。柔順卻帶點酸味，平衡且富有深度。

帶著酵母天然的混濁，非常甘醇且風味強健，是最能代表巴伐利亞的小麥啤酒。大量使用小麥麥芽，以傳統的頂層發酵法來釀製。將沉澱在瓶底的酵母倒入杯中，喝到最後一口都覺得美味。

## 德國最暢銷的白啤酒
# Erdinger
### 艾丁格
Weissbier

〈主要酒款〉
· Weissbier Dunkel
· Weissbier Kristallklar

**LABEL**
凸顯麥芽的商標設計。選擇蛋白質較少的種類，以契作方式栽種。

 **香氣**
氣味●香甜的香蕉水果香。也有柳橙以及西洋梨的清新香氣。
風味●小麥白啤酒特有的香蕉和丁香的香氣較輕。還帶有檸檬的酸味和酵母的吟釀香。

**DATA**

Erdinger
Weissbier
類型：酵母小麥啤酒（頂層發酵）
原料：大麥麥芽、小麥麥芽、啤酒花、水
內容量：500ml
酒精濃度：5.3%
生產：Erdinger 啤酒廠

 **外觀**
白濁的金黃色。泡沫堅挺豐厚。

 **酒體**
中等～飽滿。適合清爽的餐點。

艾丁格啤酒是德國白啤酒之中最多人飲用的。酒廠位於慕尼黑東北約30公里的艾丁格，因為專門釀造白啤酒而有名。芬芳卻又低調的香氣，即使是初次品嘗小麥啤酒的人也很容易接受。

## 誕生於科隆美麗又高雅的啤酒
# Dom Kölsch
### 科隆大教堂

**LABEL**
酒標上是科隆的地標，登錄為世界文化遺產的科隆大教堂。

香氣

氣味●麥芽柔和的香氣及類似白酒的水果香。

風味●入口能感受到夏多內白酒般水嫩香味，之後是高雅啤酒花香。

外觀

鮮亮的金黃色。將啤酒倒入稱為Stange的啤酒直身杯時，啤酒泡沫的厚度一定要有2.5cm才符合傳統。

酒體

輕～中等。入口時宛如喝香檳般的爽冽芬芳，入喉卻倍感舒爽。

**DATA**
**Dom Kölsch**
類型：科隆啤酒（頂層發酵）
原料：大麥麥芽、啤酒花、水
內容量：330ml
酒精濃度：4.8%
生產：Dom啤酒廠

科隆啤酒是少見受PDO（Protected Designation of Origin）保護，只有在科隆近郊的24間酒廠釀製的，才能使用科隆啤酒之名。纖細且謹慎地釀製，讓人感受到從羅馬時期開始，當地引以為傲的歷史。芬芳的風味和爽冽的口感。

## 取愛爾和拉格優點的混合釀造啤酒
# Gaffel Kölsch
### 加菲爾科隆

**LABEL**
加菲爾是在中世紀，對科隆發展有所貢獻的同業公會中之一派。商標上的人物手拿著科隆的徽章。

香氣

氣味●堇的花香以及夏多內酒般的水嫩。

風味●纖細又高雅的啤酒花香。能夠些微感受到麥芽那溫和如白麵包的香氣。

外觀

帶點白濁的金黃色。泡沫細緻，停留在直身杯的杯口。

酒體

輕～中等。雖然富於果味，但因為幾乎沒有甜度，所以喝起來很清爽。

**DATA**
**Gaffel Kölsch**
類型：科隆啤酒（頂層發酵）
原料：大麥麥芽、小麥麥芽、啤酒花、水
內容量：330ml
酒精濃度：4.8%
生產：Gaffel啤酒廠

科隆啤酒是使用頂層發酵酵母，以低溫方式熟成的。所以此款啤酒會散發頂層發酵的水果香氣，卻又能享受到爽冽的口感。其中的「加菲爾」不只使用大麥麥芽同時也使用小麥麥芽，因此水果香氣更加濃郁。

帶有苦味的餘韻，古老但新鮮的老啤酒

# Zum Uerige

## 經典老啤酒

Uerige Alt Classic

## LABEL

為了搭配具個性的夾扣型瓶蓋，酒標的設計也相當講究。酒標上列出原料，最後一行以不同顏色強調使用Uerige特有酵母。

濃厚的麥芽風味，以及之後漸漸散發的啤酒花苦味。雖説是「德國最苦的啤酒」，但味道卻沒有澀味且很新鮮。

香氣

氣味●割完草的青草香，及麥芽糖的甘甜香氣。
風味●麥芽烘焙過的香氣，然後是啤酒花芬芳且清新的香氣。

外觀

紅銅色中帶有酵母原本的混濁度。泡沫則是奶油色中略帶點褐。

酒體

中等。麥芽的焦糖甘甜香以及啤酒花的苦形成出色的對比。

〈主要酒款〉

· Uerige Weizen
· Uerige Sticke
· Uerige Doppelsticke

**DATA**

**Uerige Alt Classic**
類型：老啤酒（頂層發酵）
原料：大麥麥芽、啤酒花、水
內容量：330ml
酒精濃度：4.7%
生產：Uerige啤酒廠

口感 / 香味 / 醇厚 / 苦味 / 酸味 / 甜味

老啤酒的「alt」在德語是「老」的意思。但並不是說啤酒不新鮮，而是相對於新出現的底層發酵，頂層發酵比較傳統。

Zum Uerige啤酒廠在1862年創立於杜塞道夫的老城區。Uerige有「怪異」和「奇妙」的意思，大概因為創始者的個性有點怪異才以此命名。

杜塞道夫的老城區有大大小小的啤酒廠酒吧和餐廳，所以有「世界第一長酒吧吧檯」的說法。其中Uerige酒廠自營酒吧在當地相當受歡迎，門口隨時擠滿了人。

每年會有兩次特別釀造稱為Sticke（方言是「祕密」的意思）的啤酒，雖然也會裝瓶輸出，但數量相當稀少。

藍色酒標的啤酒
並沒有加糖漿

`未進貨` 慕尼黑近郊販售

# Augstiner Hells
## 奧古斯丁淺色啤酒

香氣

**氣味**●啤酒花柔和香氣，以及麥芽溫順烘焙香氣。

**味道**●麥芽的烘焙和啤酒花讓人舒適的清涼感刺激著鼻腔。味道非常清爽。

外觀
明亮的金黃色。泡沫白且細緻。

酒體
中等。舌頭上會留下恰到好處的苦韻與風味。風味乾淨。

> **DATA**
> Augstiner Hells
> 類型：淺色啤酒（底層發酵）
> 原料：大麥麥芽、啤酒花、水
> 內容量：500ml
> 酒精濃度：5.2%
> 生產：奧古斯丁啤酒廠

### 只有慕尼黑人才知道的啤酒

此款啤酒發源自1328年創立的奧古斯丁修道院附屬啤酒廠，這是慕尼黑市內最古老的啤酒廠。此款啤酒深受當地居民喜愛，但只有在慕尼黑和其近郊販售，幾乎沒有銷售到其他地方。味道深奧卻很爽口，不會喝膩的美妙風味。

`未進貨` 柏林近郊販售

# Berliner Kindl Weisse
## 柏林小子白啤酒

香氣
**氣味**●檸檬和優酪乳的酸，及花一般的甜香。

**味道**●檸檬和青蘋果，香氣讓人聯想到不甜的麗絲玲白酒。

外觀
加入糖漿前是混濁的黃色，泡沫很快消失。

酒體
輕。清爽的酸味，以及小麥的甘醇。入口有爽快感。

> **DATA**
> Berliner Kindl Weisse
> 類型：柏林白啤酒（頂層發酵）
> 原料：大麥麥芽、小麥麥芽、啤酒花、水
> 內容量：500ml
> 酒精濃度：3.0%
> 生產：Kindl啤酒廠

### 酸且清爽，加了糖漿的啤酒

在柏林點「柏林白啤酒」時，會問你要「紅或綠」。這是因為此款啤酒加了乳酸菌發酵，直接喝會像檸檬那麼酸，因此一般來說會加入紅色（覆盆子）或是綠色（車葉草）等糖漿品嘗。

# 世界級啤酒盛會：
# 慕尼黑啤酒節

日本也會定期舉辦啤酒盛會，
「慕尼黑啤酒節」起源於德國，
讓我們來看看當地的玩法。

慕尼黑啤酒節從九月下旬開始，一直到十月份的第一個星期日為止，前後大概16天，這是世界最大型的啤酒盛會，在慕尼黑西南部的特蕾西亞草坪舉辦。

規模之盛大讓人驚豔。在42公頃（9個東京巨蛋）大的會場中，搭了14座大帳篷，在啤酒節期間，約600萬人的啤酒迷從世界各地聚集而來。整個會場就像是一座遊樂園，有摩天輪、射箭、鬼屋、雲霄飛車等遊樂設施。

而能夠參加此盛會的攤位，只有位於慕尼黑市內的傳統啤酒廠而已。大致上就是奧古斯丁（Augustiner）、斯巴登（Spaten）、寶萊納（Paulaner）、哈克－普朔爾（Hacker-Pschorr）、皇家啤酒（Hofbräu）、獅王（Löwenbräu）這六家。斯巴登啤酒廠設計成馬場，而哈克·普朔爾則是在帳篷天頂畫了天堂的模樣，每一家啤酒廠的帳篷都各具特色。

帳篷內，從白天開始就相當熱鬧。樂團演奏歡樂的民族音樂，四處充滿了人們

# Oktoberfest

發源自慕尼黑，
世界最大規模的啤酒節。

的歡笑聲和歌聲，好不熱鬧。會場提供的啤酒都是為了啤酒節而特別釀造的十月慶典啤酒（梅爾森啤酒），以特大啤酒杯Mass盛裝。或許你會覺得1公升的啤酒根本喝不完，但因為啤酒的濃度恰當而且順口，所以在歡樂的氣氛中，帶著愉悅的心情，1公升的啤酒馬上就見底了。

每次演奏結束後，都會播放乾杯的音樂，大家就會站起身來，肩搭肩邊唱歌邊乾杯。即使跟隔壁的客人不認識，但同樣坐在長桌邊，只要一起喝酒唱歌就會變成好朋友。天色越晚，會場的氣氛越熱鬧。大家拿著啤酒杯站在長椅上，雙腳踩踏出聲一起跳舞。體格壯碩的德國人經常會把長椅給跳壞。

慕尼黑啤酒節起源於1810年。當時是為了慶祝巴伐利亞的王子路德維希一世與特雷莎王妃結婚，而在牧場舉辦賽馬活動。沒想到獲得市民們的好評，於是隔年又再次舉辦。不知從何時開始，賽馬活動會場開始設置了啤酒攤販，久而久之就演變成啤酒慶典了。順帶一提，路德維希一世在慕尼黑街道建造了許多羅馬風的建築物，他就是後來建造了新天鵝堡的路德維希二世的祖父。

近年來，慕尼黑啤酒節也在日本掀起旋風。在日本，從春天至冬天會在不同的場所舉辦啤酒節。原本在1977年，啤酒節活動只是在啤酒館等地方小規模舉辦，但2003年卻首次於橫濱盛大舉辦，之後的規模也逐年擴大。目前在東京舉辦的啤酒節以日比谷公園、御台場、東京巨蛋為主，而附近城市則以橫濱、仙台、神戶和長崎的啤酒節較為人所知。相較於德國的啤酒節，規模當然比較小，也沒有遊樂園，但是啤酒迷隨著民族音樂乾杯，以及不分你我勾肩搭背唱歌跳舞的情景跟在德國是一樣的。

會場上不僅能品嘗到德國啤酒，日本當地啤酒商為了配合活動，也準備了引以為傲的啤酒，並以小杯盛裝，讓大家品嘗到許多不同種類的啤酒。當然，想當酒國英雄也沒問題，就用Mass特大啤酒杯暢飲1公升的啤酒吧！

# 比利時

**▌▌ BELGIUM**

以多樣文化為背景，
讓啤酒的傳統更有深度。

面積約九州七成，人口約一千萬的歐洲小國比利時，雖然國土面積不大，卻生產1000種以上的啤酒，而且國民的個人啤酒消費量約是日本的1.8倍。

比利時是在中世紀由其周邊各國領土組合而成的，擁有歷經近千年，仍屹立於歐洲中心的歷史。

比利時的居民大致可分成兩個民族，日耳曼語系的佛萊明人，以及拉丁語系的瓦隆人。比利時是多語言國家，官方語言包括荷蘭語、法語、德語三種。民族性的差異，加上受到各國文化的影響，使得比利時啤酒的風味相當多變。

每一個地區在釀製啤酒時會加入地方特產（穀物或水果等），而這也是比利時生產許多當地啤酒的原因。雖然有許多比利時啤酒會加入藥草或辛香料，但這些當地採集的天然材料，原本都是作為防腐劑使用的。

而具備了能夠釀製19世紀之前，廣受歡迎的自然發酵啤酒的條件，應該也與比利時具有獨特啤酒文化有關。

在複雜的歷史與各種原因之下，比利時啤酒受到人們珍貴守護。在比利時的地方市鎮一定會有啤酒吧，因此在各地都能品嘗到種類多變的啤酒。

# BELGIUM
## 地區地圖
### 各地的啤酒代表

**Hoegaarden White**
除了大麥和小麥麥芽外，也使用橙皮和芫荽子的小麥啤酒。如晚霞般的淺黃色，帶著些許的酸味。

**Cantillon Geuze**
有強烈的酸味和獨特的香氣。不是人工培養的酵母，而是利用空氣中的野生酵母和微生物來自然發酵，屬於傳統的比利時啤酒。

**Rodenbach Classic**
經過頂層發酵之後，放橡木桶長期熟成。酸酸甜甜的清爽口感為其特色。

## 北部／佛萊明地區
### （法蘭德斯地區）

North Sea

Flanders

•Brussels

•Liége

## 南部／瓦隆地區

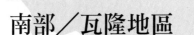

Wallonia

**Saison Dupont**
主要是在瓦隆釀製的，屬於在瓶內二次發酵的啤酒。是農家在冬天釀製儲藏到夏天才飲用的自家用啤酒。

**Orval**
是嚴規熙篤會修道院的代表啤酒，修道院裡就有啤酒廠。歐瓦樂修道院位於東南部的盧森堡省。

**St.Feuillien Tripel**
修道院委託一般啤酒廠釀製的Abbey beer（修道院啤酒）。一般來說味道很像Trappist beer（嚴規熙篤會啤酒）。

# 文化、野生酵母和修道院啤酒等，南北的發展各有不同。

### 北部／佛萊明

在北部的佛萊明（法蘭德斯）地區住著日耳曼語系的佛萊明人（約60%），説著佛萊明語。 生產像是白色愛爾、紅色愛爾、自然酸釀啤酒等，帶著水果酸味的啤酒。

### 南部／瓦隆

南部瓦隆地區住著拉丁語系的瓦隆人（約40%），説著瓦隆語。 生產像是季節特釀啤酒等，帶著辛香味，喝起來清爽的啤酒。

## 源自比利時的嚴規熙篤會啤酒

在修道院內就有啤酒廠的嚴規熙篤會修道院釀造的啤酒。 能使用這個稱謂的，全世界只有8間（2013年4月）。 為了守護嚴規熙篤會這個稱呼，從1997年起使用「Authentic Trappist Products」這個商標。

| 品牌 | 製造修道院 | 歷史 |
|------|-----------|------|
| Chimay ➡ P.56 | 斯高蒙特聖母修道院 | 設立於1850年。1862年開始釀造。 |
| Orval ➡ P.54 | 歐瓦樂聖母修道院 | 設立於1070年。1930年代開始釀造。 |
| Westmalle ➡ P.55 | 聖母聖心修道院 | 設立於12世紀。從1836年開始釀造，1921年起開始一般銷售。 |
| Achel | 亞和修道院 | 設立於1845年。1850年開始釀造。1998年獲得認可，從2001年起流通於市面。品牌共有5種，而Brown 5和Blond 5只能在修道院附設的咖啡廳才喝得到。 |
| Rochefort ➡ P.55 | 聖雷米修道院 | 1230年設立了女子修道院，1465年改為男子修道院，1595年起開始釀造。 |
| Westvleteren ➡ P.67 | 聖思道修道院 | 1831年設立。1838年開始釀造。 |
| La Trappe（荷蘭） ➡ P.99 | 柯尼修芬聖母修道院 | 1881年設立。1884年開始釀造。 |
| Engelszell （奧地利） | 安格斯霍爾修道院 | 1293年設立。1590年開始釀造。2012年重新開始釀造，同年認證為修道院啤酒。 |

在比利時，除容易入口的皮爾森啤酒外，還有以野生酵母發酵的啤酒，以頂層發酵方式釀造的，或使用穀物、水果、辛香料等當地食材釀製等，以傳統方式釀製的啤酒相當多。

種類如此多樣化的啤酒可以依照餐前、用餐時、餐後，或是就寢前等不同的情況來選擇。 可以搭配的料理也相當多，而使用啤酒烹調的料理會隨著溫度變化而產生不同的香氣和風味，或是因為熟成而產生不同的風味，有各種品嘗方式。

比利時啤酒不但風味多變，其背後歷史也相當吸引人。 專用啤酒杯，杯墊、瓶蓋等配角也是品嘗比利時啤酒時的一大樂趣。

# STYLE
## 比利時主要的啤酒類型

### 愛爾（頂層發酵）
**ALE**

#### 比利時小麥白啤酒

在豪格登村生產的傳統小麥啤酒。使用沒有製成麥芽的小麥，所以顏色呈現白濁，稱為「白啤酒」。而且因為使用了芫荽子、橙皮，帶有辛香味和水果味。

#### 比利時淺色愛爾

經常可感受到啤酒花性格的古銅色啤酒。大部分產品的酒精濃度是5.0～6.0%，以比利時啤酒來說算低的。

#### 比利時烈性淺色愛爾

酒精濃度超過7.0%的啤酒。水果和轉化糖的性格明顯。啤酒顏色是有如清爽水果香的淺金黃色，也有因深色轉化糖而酒色較深的情況。

#### 比利時烈性深色愛爾

琥珀色或是深褐色，酒精濃度在7.0%以上。滑順甘甜，如黑糖般的性格讓人印象深刻。喝的時候，酒精感並沒有實際數值那麼強烈。

#### 季節特釀啤酒

農民為了能在夏天耕作的休息時間飲用，而自家釀造的啤酒。冬天釀製，為了保存到夏天，所以加入較多的啤酒花以提升防腐效果。充滿野性香氣和酸味，相當有個性的一款啤酒。

#### 特色啤酒

統稱所有使用像是楓糖、馬鈴薯、蜂蜜等，一般在釀製啤酒時不會使用的發酵材料的啤酒。

## 法蘭德斯紅愛爾

源自法蘭德斯西部的紅色啤酒。帶著櫻桃和柑橘水果酸味，給人不一樣的印象。

## 雙倍啤酒

具有麥味和水果風味的深色啤酒。酒精濃度是6.0～7.5%。大部分都是沿襲修道院啤酒的產品。

## 修道院啤酒

修道院的釀製配方，或以修道院之名委託民間啤酒廠生產的啤酒。

## 法蘭德斯棕色愛爾

源自於法蘭德斯東部，帶點紅色的褐色啤酒。烘焙香氣和水果酸味相當調和。

## 三倍啤酒

帶著水果香氣的淺色啤酒。酒精濃度是7.0～10.0%以上。跟雙倍啤酒一樣，大多是沿襲修道院啤酒的產品。

## 自然發酵
**NATURAL**

## 自然酸釀啤酒

加入飄浮在空氣中或是寄宿在木桶內的野生酵母，讓它自然發酵的啤酒。特徵就是酸味重。最有名的是，將在木桶內熟成的啤酒和新酒混合的「Gueuze 調和酸釀啤酒」，或是放進櫻桃、覆盆子等水果醃漬的「水果酸釀啤酒」。在目前市售的啤酒當中，是最古典的釀造方法。

日本最多人飲用，具代表性的比利時小麥白啤酒

# Hoegaarden

## 豪格登
Wit Blanche

**LABEL**
上方的圖樣是釀酒時使用的槳，以及代表主教的權杖。下方則是用荷蘭語和法語寫的「白色」。

使用小麥釀製的啤酒。加入芫荽子、橙皮等辛香料。

 香氣

氣味●柑橘、蘋果、杏桃般的果香。

風味●像柳橙般的柑橘系味道。

 外觀

白濁的淺黃色。

 酒體

輕。果香和辛香味。帶著微酸是其特色，喝起來相當舒服。

〈主要酒款〉
· Verboden Vrucht
· Grand Cru

**DATA**

**Hoegaarden Wit Blanche**
類型：比利時小麥白啤酒（頂層發酵）
原料：麥芽、啤酒花、小麥、芫荽子、橙皮
內容量：330ml
酒精濃度：4.9%
生產：Anheuser-Busch InBev

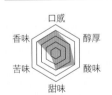

目前銷售業績和市佔率皆為世界第一的安海斯－布希英博集團，旗下的豪格登啤酒廠，位於布魯塞爾東方約1個小時車程的豪格登村。15世紀時，這裡就開始釀製白啤酒，但因為經歷世界大戰以及與皮爾森啤酒的競爭，酒稅加重等理由，曾經在1957年停止生產。後來因為居住在關閉的湯辛（Tomsin）啤酒廠隔壁的酪農皮耶‧塞利斯（Pierre Celis），才重獲新生。

如今「豪格登小麥白啤酒」大約佔比利時特色啤酒總銷量的兩成。此款啤酒也稱得上是比利時小麥白啤酒的釀製範本。帶著辛香料香氣，及香水般的香味。這款比利時啤酒有清爽水果香味，及蜂蜜般甘甜的基底，在日本也相當暢銷。專用的啤酒杯是倒立吊鐘的形狀，為了不讓手掌溫度影響啤酒，所以杯子有著相當的厚度。

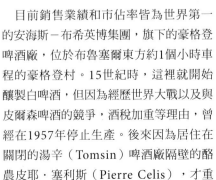

與舊修道院有關的修道院啤酒

# St.Feuillien

**聖福揚**
Tripel

## LABEL

聖福揚有三種酒標設計相同的
啤酒。三倍啤酒的酒標是藍色
的，棕啤酒是紅色的，而金啤
酒則是黃色。
舊款酒標上有
路爾街道的圖
案，現在則只
有logo。

與過去的修道院有關
的修道院啤酒。三倍
啤酒的酒精濃度雖然
相當高，但喝起來卻
很爽口。

 **氣味**●香柚、葡萄柚等清
爽的柑橘系香氣，以及蘋
果的果香。而且也有胡椒
的辛香料香氣。

香氣　**風味**●在氣味的特徵之
外，還有西洋梨、柑橘系
的味道。

 清澈的深金黃色。

外觀

 中等～飽滿。明顯的啤酒
花苦味和辛香味。各種味
道相當平衡，非常美味。

酒體

〈主要酒款〉
· Blonde
· Brune

### DATA

**St. Feuillien Tripel**
類型：三倍啤酒（頂層發酵）
原料：麥芽、啤酒花、辛香料、
糖類
內容量：330ml
酒精濃度：8.5%
生產：St. Feuillien啤酒廠

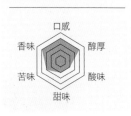

聖福揚修道院啤酒廠於1873年，由史
蒂芬妮佛里亞設立。設立當時，已經開始
釀造包括「grisette」在內的幾款啤酒，
從1950年起，也開始釀造皮爾森、司陶
特等啤酒，而聖福揚修道院啤酒也於此時
開始釀造。2000年，佛里亞啤酒廠更名
為聖福揚修道院啤酒廠，由第四代的兄妹
經營。

「聖福揚修道院啤酒」是與過去的修
道院有關的修道院啤酒。此修道院是因在
7世紀，前來比利時傳教的愛爾蘭修道士
聖福揚而設立。655年，聖福揚在勒羅爾
遭迫害而被處刑。1125年，其弟子在他
受刑的場所建造了聖福揚修道院。

「聖福揚修道院三倍啤酒」除了330ml
瓶裝外，最大甚至有稱為Salmanazar的9
公升瓶裝，另有各種容量的包裝。

「具備世界第一魔力」的金黃愛爾

# Duvel Moortgat

## 督威摩蓋特

Duvel

香氣

**氣味**●柳橙、檸檬的柑橘香。丁香和胡椒的辛香料香氣。

**風味**●在氣味的特徵之外，還帶著香蕉等成熟水果的香氣。

外觀

帶有光澤的淺金黃色。如蛋白質般，厚實且綿密的泡沫。

酒體

飽滿。啤酒花的苦味讓啤酒的風味更加平衡。

## LABEL

法蘭德斯語的Duvel就是惡魔的意思。而「Bottle Conditioned」表示是在瓶內熟成的啤酒。

經過兩個月的熟成以及在瓶內發酵，散發出纖細的香氣和絕妙的苦味。

〈主要酒款〉
· Vedett Extra White
· Maredsous

### DATA

**Duvel**

類型：比利時烈性淺色愛爾（頂層發酵）

原料：麥芽、啤酒花、糖類、酵母

內容量：330ml

酒精濃度：8.5%

生產：Duvel Moortgat公司

督威摩蓋特啤酒廠位於安特衛普，成立於1871年。一開始生產頂層發酵的金啤酒，後來嘗試英國風格愛爾的釀造，於是誕生了以「惡魔」意味知名的「Duvel」。1970年開始銷售金黃色的「Duvel」，揭開了此款啤酒的黃金時代。近來還將Achouffe啤酒廠、Liefmans啤酒廠、De Koninck啤酒廠納入旗下，成為比利時最大的特色啤酒廠商。

Duvel在裝瓶之後，會放進具有溫度差的兩種儲藏室裡，讓它慢慢地經過兩個月的熟成與瓶內發酵。因為溫度不同味道也會有所改變，所以不論是在餐前、用餐時、用餐後都適合享用。專用的鬱金香型啤酒杯的杯緣能夠讓泡沫維持較久，而從杯腳位置會有細緻泡沫慢慢升起，讓飲用者可以更悠閒地品嘗。

## 受「世界第一的啤酒」授權生產

# St. Bernardus
## 聖伯納杜斯

Abt 12

〈主要酒款〉
· wit
· Pater 6
· Prior 8

**LABEL**
酒標上畫著一個單手拿著啤酒的微笑修道士。

〔DATA〕
**St. Bernardus Abt 12**
類型：比利時烈性深色愛爾
（頂層發酵）
原料：麥芽、啤酒花、糖類、酵母
內容量：330ml
酒精濃度：10.5%
生產：St. Bernardus 啤酒廠

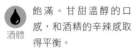

**香氣**
氣味●蘋果、杏桃、西洋梨、香蕉、葡萄乾等複雜果香，及酒粕般的香氣。
風味●咖啡、焦糖、巧克力般的風味。

**外觀**
帶點紅色的深褐色。

**酒體**
飽滿。甘甜溫醇的口感，和酒精的辛辣感取得平衡。

聖伯納杜斯啤酒廠因在二戰後，為遭破壞的聖思道修道院以「聖思道」之名，發行有世界第一啤酒之稱的「西弗萊特倫」而為人所知。Abt是大修道院院長的意思，是此系列最烈的啤酒。

## 有著可愛粉紅象的危險啤酒

# Huyghe
## 雨格

Delirium Tremens

〈主要酒款〉
· Delirium Nocturnum
· Delirium Red
· Guillotine

**LABEL**
畫著據說喝了Delirium Tremens就會看到的粉紅象、鱷魚、龍和鳥。

**香氣**
氣味●蘋果、柳橙、香蕉般的果香，以及胡椒和丁香般的辛香味。
風味●除了香料外，也能感受到西洋梨和蜂蜜的甘甜。

**外觀**
清透的金黃色。

**酒體**
中等～飽滿。散發出水果的甘甜，後味則是強烈的酒精辛辣感。

〔DATA〕
**Huyghe Delirium Tremens**
類型：比利時烈性淺色愛爾
（頂層發酵）
原料：麥芽、啤酒花、糖類、酵母
內容量：330ml
酒精濃度：8.5%
生產：Huyghe 啤酒廠

「Delirium Tremens」是拉丁語「酒精中毒所產生的幻覺和顫抖」的意思。酒標上是象徵幸福的粉紅象和其他動物，暗示著喝了此款啤酒會陸續產生幻覺。這款啤酒是依1988年前來比利時的義大利首相的要求而開始製造。

嚴規熙篤會啤酒中散發異彩

# Orval
## 歐瓦樂啤酒

**LABEL**
畫著與「瑪蒂爾德泉傳説」有關的，鱒魚咬著戒指的圖案。

比利時六款嚴規熙篤會啤酒之一。由歐瓦樂修道院釀製、銷售的啤酒只有「歐瓦樂」一款。

**香氣**　氣味●柳橙、檸檬、蘋果般的果香。
風味●柳橙等柑橘系的味道。

**外觀**　非常明亮的橘色。

**酒體**　中等。因冷泡啤酒花而可感受到啤酒花的強烈個性。乾爽中交織著複雜的酸甜感。

**DATA**

**嚴規熙篤會啤酒**
類型：比利時淺色愛爾（頂層發酵）
原料：麥芽、啤酒花、糖類、酵母
內容量：330ml
酒精濃度：6.2%
生產：Orval修道院

口感

香味　醇厚
苦味　酸味
甜味

　1931年啤酒廠成立時，所聘請的第一位德國釀酒師Pappenheimer，以及第二位比利時釀酒師Honoré Van Zande，一起釀製了這款以乾爽風味為特色的啤酒。以當時不太為人所知，在熟成階段追加啤酒花的冷泡啤酒花技術來釀製。釀製過程中加入三次酵母，而在裝瓶時的第三次，會加入包含野生酵母在內的酵母，這是影響歐瓦樂啤酒風味的重要因素。

　「歐瓦樂」酒標上的鱒魚源自一個傳説。1076年，管理啤酒廠附近的托斯卡納出身的瑪蒂爾德伯爵夫人，不小心將先夫贈送的結婚戒指掉進湧泉中，就在她許下「只要能夠找回戒指，我就在此建造一間雄偉的修道院」的願望時，一條鱒魚咬著伯爵夫人的戒指出現了。而依約建造的就是歐瓦樂修道院。

## 嚴格的修道院所釀製的
## 濃醇的嚴規熙篤會啤酒
# Rochefort
### 瑞福
10

〈主要酒款〉
· Rochefort 6
· Rochefort 8

## LABEL
數字是比利時舊式的
測量單位，代表糖分
的比重。數字「6」
的瓶蓋與酒標顏色是
紅色的，數字「8」
則是綠色的。

香氣

氣味●香蕉、葡萄乾、
無花果等果香，以及焦
糖、巧克力的甘甜等，
氣味豐富。

風味●李子、蜂蜜、黑
糖、黑櫻桃、堅果等。

外觀

深褐色。泡沫細緻。

酒體

飽滿。三款瑞福啤酒之
中，酒精濃度最高，味
道最為濃厚。些許甜味
和後味的苦相當平衡

〈DATA〉

**Rochefort 10**
類型：嚴規熙篤會
比利時烈性深色愛
爾（頂層發酵）
原料：麥芽、啤酒
花、糖類、酵母
內容量：330ml
酒精濃度：11.3%
生產：Rochefort
啤酒廠

嚴規熙篤會啤酒中的一款。此款啤
酒不像其他的嚴規熙篤會啤酒，可以輕
易在咖啡廳或旅館喝到，原因是此款
啤酒對外銷售的條件相當嚴格。除了
「Rochefort 10」之外，還有酒精濃度
9.2%的「Rochefort 8」，以及每年只釀
造一次，產量極少的「6」三款。

## 成為三倍啤酒代名詞的
## 嚴規熙篤會啤酒
# Westmalle
### 偉馬力
Tripel

〈主要酒款〉
· Westmalle Dubbel

## LABEL
寫有Westmalle名稱的
乳黃色酒標。雙倍啤酒
則是紫紅色酒標。

香氣

氣味●香蕉和丁香般的
香氣，及柑橘系果香。

風味●散發出熱帶水
果、柳橙的味道。

外觀

帶點橘的金黃色。

酒體

中等～飽滿。爽冽且有
著果香的啤酒。甘甜
和苦味平衡，味道很優
雅。

〈DATA〉

**Westmalle Tripel**
類型：嚴規熙篤會
三倍啤酒
（頂層發酵）
原料：麥芽、啤酒
花、糖類、酵母
內容量：330ml
酒精濃度：9.5%
生產：Westmalle
啤酒廠

嚴規熙篤會啤酒中的一款。也是啤酒
廠的聖母聖心修道院，在1836年為了自
給自足而開始釀造，1921年開始一般
販售。第二次世界大戰後因生產了三倍
啤酒而聞名，讓「三倍＝顏色淺但酒精
濃度高」的觀念普及。有「三倍啤酒之
母」的稱號。

嚴規熙篤會啤酒中流通量最大的啤酒

# Chimay

奇美
Blue

**LABEL**
每款啤酒的酒標
顏色都不同。
「藍」是三款
啤酒之中唯一
標上釀造年
份的。

Chimay Blue原本是
1948年生產的聖誕
啤酒。因為相當受歡
迎，所以現在整年都
有生產。

 香氣 **氣味**●乾草、麵包、葡萄乾、無花果、胡椒、焦糖香，以及柑橘系的果香。

**風味**●焦糖、黑櫻桃、李子、菸草葉的味道。

外觀 帶點紅的深褐色。

酒體 飽滿。可感受到濃厚且帶點辛辣的風味。

〈主要酒款〉
· Red
· White（triple）

 **DATA**

**Chimay Blue**
類型：嚴規熙篤會比利時烈性
深色愛爾（頂層發酵）
原料：麥芽、啤酒花、糖類、酵母
內容量：330ml
酒精濃度：9.0%
生產：Abbaye Notre-Dame
de Scourmont

斯高蒙特聖母修道院位於距離布魯塞爾約兩個小時車程的埃諾省南部。1850年設立，1862年開始釀造啤酒。第二次世界大戰時曾經中止釀造，但戰後就立刻恢復啤酒的釀製。當時，釀造總監西奧多（Théodore）神父，邀請釀造學者尚·迪·克列克（Jean De Clerck）一起確立了現在奇美啤酒的風味。

在嚴規熙篤會啤酒中，最先開始販售的就是奇美啤酒，目前的銷售據點也很多。除啤酒外，修道院也生產5種起司。

「藍」是三款啤酒中唯一標示出製造年份的，每年生產的啤酒風味都有些許差異。容量共有4種，750ml以上的稱為「Grande Reserve」。

## 過去在農家釀製，風味清爽的季節特釀啤酒

# Dupont
## 杜朋
Saison Dupont

**LABEL**
由第四代社長接
手後，將酒標改
為現在非常簡約
的設計──這
是出自社長哥
哥之手。

Saison Dupont是杜
朋啤酒廠主要生產的啤
酒。沿襲了過去季節特
釀啤酒的風味。

**香氣**

氣味●柳橙般的柑橘香
氣。香蕉、蘋果的果香，
以及蜂蜜的甜香。啤酒花
的氣味明顯，也能感受到
辛香料的香氣和乳酸香。
**風味●**在特徵之外，同時
有檸檬和西洋梨的香味。

帶點橘的金黃色，細緻的
啤酒泡沫相當持久。

外觀　中等。啤酒花的苦和香、

**酒體**

酸取得平衡，清爽又能品
嘗到啤酒的風味。

〈主要酒款〉
· Saison Dupont Biologique
· Moinette Blonde

**DATA**

**Saison Dupont**
類型：季節特釀啤酒（頂層發酵）
原料：麥芽、啤酒花、糖類、
酵母
內容量：330ml
酒精濃度：6.5%
生產：Dupont啤酒廠

口感
香味　醇厚
苦味　酸味
甜味

　　杜朋啤酒廠位於圖爾奈（Tournai）東
邊埃諾省的杜夫村，是具有相當歷史的中
規模釀酒農家。杜朋啤酒廠的第一代路易
士·杜朋，是一位嚮往移居到加拿大的農
業學者。但是因為其父買下了以釀製季節
特釀啤酒和蜂蜜啤酒聞名的釀酒農家，讓
他打消了這個念頭。在那之後，杜朋家族
持續經營了四代。

　　這裡釀製的季節特釀啤酒，原本是指
在比利時南部瓦隆地區以傳統方式釀製的
啤酒。在冷藏技術尚不發達的時代，在瓦
隆地方的埃諾省、那慕爾省、盧森堡省等
小規模農家，在冬天釀製啤酒，然後儲藏
至夏天，以便夏季耕作時可以飲用。在釀
製季節特釀啤酒的啤酒廠中，杜朋啤酒廠
是公認沿襲了過去傳統製法的生產者。

遵循傳統製法的自然酸釀啤酒

# Cantillon

## 康迪龍
Gueuze

**LABEL**
中間是拿著啤酒的尿尿小童。左邊的紅花是罌粟花。

康迪龍調和酸釀啤酒（Cantillon Gueuze）是將三種不同年份的自然酸釀啤酒，在瓶內進行第二次發酵。最適合在沒有食慾或想放鬆的時候飲用。

 **香氣**　氣味●檸檬、柳橙的果香。
風味●柑橘類的香混合著蘋果和醋的香。

 **外觀**　略帶橘色的淺琥珀色。

 **酒體**　中等。以銳利的酸味為特徵，整體味道平衡的自然酸釀啤酒。

〈主要酒款〉
· Kriek
· Raspberry

**DATA**

**Cantillon Gueuze**
類型：自然酸釀啤酒（自然發酵）
原料：麥芽、啤酒花、小麥、酵母
內容量：375ml
酒精濃度：5.0%
生產：Cantillon啤酒廠

口感／醇厚／酸味／甜味／苦味／香味

康迪龍啤酒廠創業於1900年，距離歐洲之星高速列車會經過的布魯塞爾南站約10分鐘路程，此地的「布魯塞爾調和酸釀啤酒博物館」是著名觀光景點。主要釀製具濃郁酸味的道地自然酸釀啤酒，無論哪一款啤酒都能感受到康迪龍的特色。剛入口或許會覺得很酸，但越喝越順口。

1999年開始使用有機材料。酒標上的罌粟花是無法栽種在使用農藥的土壤裡的，所以藉此來表示「有機」的意思，用以作為「康迪龍啤酒廠Bio有機啤酒」的標誌。同品牌的調和酸釀啤酒和櫻桃酸釀啤酒也獲得有機食品認證機關「Certisys」的認證。

布魯日唯一的啤酒廠所製造，帶有果香的啤酒

# De Halve Maan

## 半月啤酒

Brugse Zot Blond

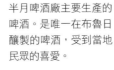

**LABEL**

因布魯日小丑的故事而畫有小丑圖案。字體則是 由布魯日著名書法家Brody Neuenschwander 所設計。

半月啤酒廠主要生產的啤酒。是唯一在布魯日釀製的啤酒，受到當地民眾的喜愛。

 **香氣**
氣味●香蕉、蘋果、西洋梨的果香。
風味●果香和清新啤酒花香，也能感受到柑橘類的酸味。

 **外觀**
耀眼的透明金黃色。

 **酒體**
中等。甘美和酸味平衡，也有辛香料的風味。

〈主要酒款〉

· Brugse Zot Dubbel
· Straffe Hendrik Tripel
· Straffe Hendrik Quadruppel

**DATA**

**Brugse Zot Blond**
類型／特色啤酒（頂層發酵）
原料／麥芽、啤酒花、酵母
內容量／330ml
酒精濃度／6.0%
生產／De Halve Maan啤酒廠

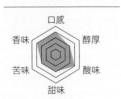

口感／醇厚／酸味／甜味／苦味／香味

　半月啤酒廠位於水都布魯日。2005年，在三年停止釀造之後，直到第六代的賽維·凡奈斯特（Xavier Vanneste）將啤酒廠買回，繼續以半月啤酒廠之名釀製啤酒。他也開發了新的釀酒配方，以「布魯日小丑」的名稱開始販售。

　「布魯日小丑」的背後是有故事的。當布魯日迎接奧地利大公馬克西米連一世的時候，人們希望大公能夠資助建造新的精神病院，所以大家打扮成瘋子舉辦盛大的遊行。結果大公說：「今天我看到滿街瘋子，布魯日就是一座大型精神病院！」此後，布魯日的人們就有「布魯日小丑」的稱呼。

　啤酒廠有對觀光客開放，來參觀或喝啤酒的人相當多，十分熱鬧。

蜜蜂女郎的酒標讓人印象深刻，是傳統的蜂蜜啤酒

# Boelens

## 伯倫斯
Bieken

氣味●蜂蜜和花朵般芬芳
的香氣。
**香氣**　風味●溫和的甘甜，以及
蘋果、西洋梨、麵包、藥
草、胡椒等香氣。

帶點橘的淺金黃色。稍微
有點混濁。
**外觀**

中等。主要是柔和的甜，
但是也帶有些許的辛辣。
**酒體**　喝起來厚重，但甜味和苦
味相當平衡，所以入口時
不會感到酒精濃度太高。

〈主要酒款〉
· Santa Bee（季節限定）

DATA

**Bieken**
類型：特色啤酒（頂層發酵）
原料：麥芽、啤酒花、蜂蜜、
酵母
內容量：330ml
酒精濃度：8.5%
生產：Boelens啤酒廠

### LABEL
酒標上是一個身
體有蜜蜂紋樣的
女子，由當地知
名畫家所繪。

Bieken是伯倫斯啤酒
廠按照傳統配方，加入
蜂蜜所釀製的啤酒。帶
點苦味的餘韻，適合搭
配沙拉或水果等甜點。

　　1800年代中期，伯倫斯家族便已經在東法蘭德斯省的貝爾瑟勒釀造啤酒。第一次世界大戰時中止釀造，直到1970至80年代，比利時流行釀製古早的特色啤酒，於是現在的酒廠老闆克里斯才又萌生了重新釀製啤酒的念頭。他將部分機器改成不鏽鋼製，並投資新的設備以符合歐盟和比利時新的食品製造標準。在比利時大學、釀酒相關人士的多方建議下，1915年中止的釀酒事業，終於在1993年重新展開。

　　努力的結果就是1993年8月初次釀製的「Bieken」，這是伯倫斯啤酒廠延續傳統配方，加入蜂蜜所釀製的啤酒。佛萊明語的Bieken意思是「小蜜蜂」，也是男性搭訕女性時所說的甜言蜜語。

# 用跟香檳同樣的獨特製法釀造的高級啤酒

# Bosteels

## 波士蒂斯

Deus, Brut des Flandres

### LABEL

仿造香檳的瓶身以及酒標設計。寫有Brut des Flandres（法蘭德斯的不甜香檳）文字。

以製造香檳的方式釀造的高級啤酒，經過相當複雜的工序才完成。

**氣味**●花香、薄荷、青蘋果、薑等溫和的香氣。也有西洋梨、花梨、杏桃的甘甜果香。

香氣

**風味**●就跟聞起來的氣味一樣。沒讓人失望。

有光澤，清澈的金黃色。

外觀

飽滿。含在嘴裡有強烈的氣泡感，接近香檳的口感。蘋果和丁香的香氣在口中散開，最後帶有酒精辛辣的餘韻，久久不去。

酒體

〈主要酒款〉

· Pauwel Kwak
· Karmeliet Tripel

### DATA

**Deus**

類型：比利時烈性淺色愛爾（頂層發酵）
原料：麥芽、啤酒花、糖類、酵母
內容量：750ml
酒精濃度：11.5%
生產：Bosteels啤酒廠

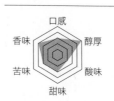

Bosteels啤酒廠位於比亨豪特，1791年由艾瓦里斯特所設立，是歷經七代家族經營的啤酒廠。

帝斯香檳啤酒是以十分複雜的程序釀製而成的。一開始是在比利時釀製，在第一次發酵後，進行第二次發酵，也就是熟成過程。之後運送到法國，加入發酵用的糖和酵母後再裝瓶，在瓶內進行第三次發酵，並且經過數個月的熟成。最後再進入跟釀製香檳相同的程序。首先是轉瓶：將酒瓶向下傾斜排列，每天要轉動一點點，慢慢地把瓶身立起，讓沉澱物集中到瓶口。接著是冷凍除渣：瓶口冷凍後，連同沉澱物將瓶塞一起去除。然後再進行補酒：加入酒來填補因除渣而減少的量。最後重新封上新的瓶塞，就完成了。

## 像醃漬覆盆子的優雅風味

# Boon
### 邦恩
Boon Framboise

〈主要酒款〉
· Kriek
· Geuze

**LABEL**
瓶肩上的數字是採收果實的年份。酒標上畫有新鮮覆盆子的圖案。

香氣　氣味●散發出覆盆子和柑橘類的香。
風味●豐富的莓果感，及橡木的氣息。

外觀　美麗的粉紅色，以及細緻的泡沫。

酒體　中等。果實的甘甜再點綴些許的酸，味道相當平衡。

〈**DATA**〉
**Boon Framboise**
類型：水果酸釀啤酒（自然發酵）
原料：麥芽、啤酒花、小麥、覆盆子、糖類、酵母
內容量：375ml
酒精濃度：5.0%
生產：Boon啤酒廠

聽說Boon啤酒廠與「自然酸釀（Lambic）」這個名稱的由來有關，位於布魯塞爾南部的倫貝克。1978年，由法蘭克‧邦恩購買之後，一直經營到現在。呈現美麗粉紅色的「Boon Framboise」味道酸甜，適合餐前飲用。

---

## 散發出黑醋栗果香的自然酸釀啤酒

# Lindemans
### 琳德曼
Cassis

〈主要酒款〉
· Geuze
· Kriek
· Framboise
· Pecheresse

**LABEL**
以暗色系為基調所設計的簡潔酒標。中央有黑醋栗的圖案。

香氣　氣味●黑醋栗的香氣完整，也有藍莓和葡萄乾的香氣。
風味●黑莓、李子般的水果風味。

外觀　帶點橘的深紅寶石顏色。

酒體　輕。甜味不明顯，跟酸味保持平衡，容易接受的水果啤酒。

〈**DATA**〉
**Lindemans Cassis**
類型：水果酸釀啤酒（自然發酵）
原料：麥芽、小麥、果汁、啤酒花、酵母
內容量：375ml
酒精濃度：3.5%
生產：Lindemans啤酒廠

琳德曼啤酒廠不但生產不甜而酸的傳統自然酸釀啤酒，同時也因釀造甘甜、容易入口的水果自然酸釀啤酒獲得成功。大部分水果酸釀啤酒的酒精濃度較低，一般人都能夠接受。可作為比利時啤酒的入門款。

## 與神聖羅馬帝國有關的啤酒
# Het Anker
## 赫特安克
Gouden Carolus Classic

〈主要酒款〉
· Gouden Carolus Tripel
· Gouden Carolus Ambrio
· Gouden Carolus Hopsinjoor
· Boscoli

### LABEL
代表著神聖羅馬帝國皇帝查理五世的標誌。

 香氣
氣味●葡萄乾、李子、西洋梨的果香。啤酒花散發的青草香；蜂蜜、丁香和焦糖般的香氣。
風味●讓人聯想到太妃糖和柳橙、無花果、巧克力的味道。

 外觀
帶點紅的深褐色。

 酒體
中等～飽滿。甜味、酸味調和，複雜的味道。

〈DATA〉
**Gouden Carolus Classic**
類型：特色啤酒（頂層發酵）
原料：麥芽、啤酒花、玉米、糖類、酵母
內容量：330ml
酒精濃度：8.5%
生產：Het Anker 啤酒廠

歷史上受到神聖羅馬皇帝查理五世喜愛的赫特安克啤酒廠代表作。

赫特安克釀酒廠位於布魯塞爾與安特衛普中間，名叫梅赫倫的小鎮。建於市中心的哥德式「聖朗博爾德大教堂」也以鐘琴發源地之名為人所知。

## 女性釀酒師製造的出色愛爾
# De Ryck
## 德瑞克
Special De Ryck

〈主要酒款〉
· Kriek Fantastiek
· Arend Blond
· Arend Dubbel
· Arend Tripel

### LABEL
最近才將酒標改成海軍藍和紅色設計的圖案。照片是舊款的酒標。

 香氣
氣味●檸檬、柳橙、李子、白桃、蘋果的果香，還有一點煙燻味。
風味●氣味甜美，來自麥芽的焦糖香。

 外觀
帶點橘的淺琥珀色。

 酒體
飽滿。為了和苦味平衡，所以口味濃厚，酒體強烈。

〈DATA〉
**Special De Ryck**
類型：特色啤酒（頂層發酵）
原料：麥芽、啤酒花、酵母
內容量：330ml
酒精濃度：5.5%
生產：De Ryck 啤酒廠

第四代的經營者安，曾在德國、英國、比利時學習釀酒技術，25歲便開始從事釀酒師的工作。主要酒款「Special De Ryck」兼具麥芽與啤酒花的個性，自1886年創業以來便持續生產，是貝爾瑟勒當地民眾日常飲用的啤酒。

## 濃厚且複雜的比利時司陶特啤酒
# Van den Bossche
### 凡登布希
Buffalo Belgian Stout

〈主要酒款〉
· Buffalo
· Buffalo Belgian Bitter
· Pater Lieven Wit
· Lamoral Degmont

**LABEL**
畫了和Buffalo啤酒故事有關的馬戲團圖案。

香氣
氣味●巧克力、焦糖、咖啡焦香。黑櫻桃和葡萄乾、蜂蜜甜蜜的香氣。
風味●柑橘類的酸，淡淡的薰香，以及肉桂般的辛香。

外觀
帶點紅的深棕色。

酒體
飽滿。味道複雜，雖然苦卻很舒服。

**DATA**
**Buffalo Belgian Stout**
類型：特色啤酒（頂層發酵）
原料：麥芽、啤酒花、酵母
內容量：330ml
酒精濃度：9.0%
生產：Van den Bossche啤酒廠

　　凡登布希啤酒廠是阿瑟・凡登布希於1897年，在向農場購入的土地上建造的啤酒廠。現在是由第四代布魯諾與兒子們共同經營。Buffalo共有三款，商標全都畫了水牛比爾（1846~1917）的馬戲團圖案。

## 在啤酒花產地釀製，帶著清爽的苦味
# Van Eecke
### 范艾克
Poperings Hommel

〈主要酒款〉
· Watou's Wit
· SAS Pils（桶裝生啤酒）

**LABEL**
佛萊明語「Hommel」是啤酒花的意思。酒標上畫有當地啤酒花田的圖案。

香氣
氣味●清爽啤酒花香，胡椒、薄荷、丁香等的香氣。蘋果、西洋梨、香蕉的果香。
風味●在水果的複雜香氣中，隱約可感受到蜂蜜的甜。

外觀
帶點混濁且有點橘的金黃色。

酒體
中等。啤酒花的苦味相當明顯，但是也能喝到啤酒醇厚的味道。

**DATA**
**Poperings Hommel**
類型：比利時烈性淺色愛爾（頂層發酵）
原料：麥芽、啤酒花、果糖、酵母
內容量：250ml
酒精濃度：7.5%
生產：Van Eecke啤酒廠

　　Van Eecke啤酒廠位於比利時與法國邊境，靠近西佛萊明大區波珀靈厄（Poperinge）的瓦圖。在1629年由當地領主設立。「Poperings Hommel」是因當地為著名啤酒花產地，而大量使用當地啤酒花的啤酒。

## 由調和商製造，充滿魅力的調和酸釀

# De Cam
### 德亢
Oude Geuze

〈主要酒款〉
· Oude Kriek

三支榔頭是De Cam的標誌。自1700年代開始釀製啤酒起就使用這個標誌。現在同樣也是代表村落的標誌。

**氣味**●檸檬、葡萄柚、鳳梨、蘋果等果香。

**風味**●除了有香檳的刺激感，也混有高雅的香氣。

帶點橘的深金黃色。

中等。檸檬般的清爽，及柔和的酸味。

---

**DATA**

**De Cam Oude Geuze**

類型：自然酸釀啤酒（自然發酵）

原料：大麥麥芽、小麥麥芽、啤酒花、酵母

內容量：375ml

酒精濃度：6.0%

生產：De Cam 調和商

---

數量很少的自然酸釀啤酒調和商之一。De Cam設立於1997年，2002年起，交由Slaghmuylder啤酒廠的釀酒師，Karel Goddeau經營。

用於調和的自然酸釀啤酒是從Boon、Girardin、Lindemans等啤酒廠取得的。

---

## 與勃艮地女公爵有關的啤酒

# Verhaeghe
### 維哈格
Duchesse de Bourgogne

〈主要酒款〉
· Echt Kriekenbier

**LABEL**

酒標上畫著神聖羅馬帝國皇帝馬克西米連一世的妻子，勃艮地公國瑪莉女公爵的肖像。領民稱她為「美麗公主」和「我們的公主」。

**氣味**●能感受到酸味的香氣。黑櫻桃和百香果的複雜香氣。

**風味**●帶著蘋果、西洋梨、焦糖、橡木的香味。

帶著些許紅色的深褐色。

中等。並不像香氣讓人以為的那麼酸，酸甜度相當平衡。具有豐富且複雜的風味。

**Duchesse de Bourgogne**

類型：法蘭德斯紅愛爾（頂層發酵）

原料：麥芽、啤酒花、小麥、糖類

內容量：330ml

酒精濃度：6.2%

生產：Verhaeghe 啤酒廠

---

法語有「勃艮第公國的女公爵」的意思。因為與誕生於布魯日，勃艮第的公爵大膽查理的女兒瑪莉有關聯，所以才在酒標使用她的肖像。將放在橡木桶熟成18個月的啤酒，以及才熟成8個月的新啤酒一起調和而成。

在橡木桶熟成的酸甜紅啤酒

# Rodenbach

## 羅登巴赫
Classic

**LABEL**
亮眼紅色的設計讓人印象深刻。酒標上方畫了羅登巴赫特色的橡木桶圖案。

「Rodenbach Classic」是啤酒廠的固定發行商品。將四分之三已經熟成5～6週的年輕啤酒，及四分之一經過兩年以上熟成的啤酒調和而成。

香氣　氣味●百香果、覆盆子、蘋果的氣味。
風味●水果的酸甜味。其他也有櫻桃、葡萄乾和橡木香味。

外觀　帶點紅的褐色。

酒體　中等。清爽的酸甜味，最適合在口渴的時候飲用。

〈主要酒款〉
· Rodenbach Grand Cru

**DATA**

**Rodenbach Classic Flanders Red Ale**
類型：法蘭德斯紅愛爾（頂層發酵）
原料：麥芽、啤酒花、玉米、糖類
內容量：250ml
酒精濃度：5.2%
生產：Rodenbach啤酒廠

1821年，創業者亞歷山大‧羅登巴赫兄弟四人在啤酒廠現址買下一間小啤酒廠，建立羅登巴赫啤酒廠。1878年，當家的尤金前往英國南部，學到讓啤酒在橡木桶熟成後調和的技術，奠定現今羅登巴赫風味的基礎。

羅登巴赫代表的紅愛爾啤酒的特色，就是在發酵後，必須讓它在大型木桶長時間的熟成。最小的木桶起碼也有12公秉（1公秉等於1000公升），最大的則有65公秉。在啤酒廠的木桶儲藏室內，大概有300個快要頂到天花板的巨大木桶。經過了木桶的熟成，啤酒會產生焦糖、丹寧等風味，也會因為乳酸菌作用而產生酸味。

從左起，Extra8、Blond、Abt12。
連比利時國內都沒有販售。但可在修道院指定的日期
前往購買，或在直營咖啡廳「In de Vrede」購買。

**未進貨** 只在修道院限定販售

# Westvleteren XII

## 西弗萊特倫12

**香氣** 氣味●無花果、李子、芒果等果香，還有濃郁的蜂蜜、巧克力甜香，再加上堅果的烘焙香。
**風味●**和氣味一樣的風味。

**外觀** 帶點紅的深褐色。

**酒體** 飽滿。柑橘類的酸味，及烘焙麥芽的焦糖香，酒精感明顯。風味平衡，散發高雅苦味。

### DATA
Westvleteren XII
類型：嚴規熙篤會比利時烈性淺色愛爾（頂層發酵）
原料：麥芽、啤酒花、酵母
內容量：330ml
酒精濃度：10.2%
生產：St Sixtus修道院

### 被稱為「夢幻的嚴規熙篤會啤酒」，數量相當稀少

　　嚴規熙篤會啤酒中，只有「西弗萊特倫」是不去當地就買不到的。2012年曾經在市面上販售過。修道院為了整修地基，限量發行了「Brew-to-Build Box（整修修道院的禮盒）」。在比利時，93,000盒在短短48小時內銷售一空。

　　瓶身通常不會有酒標，所有資訊都標註在瓶蓋上。進口日本的限定款則以XII標示。

酒標是紙捲，畫有作為啤酒基底的歐洲酸櫻桃。

**冬季限定販售** 只有少量在日本流通

# Liefmans Gluhkriek

## 蕾曼熱櫻桃老褐啤酒

**香氣** 氣味●櫻桃、蘋果等果香，以及蜂蜜、肉桂、焦糖、堅果的香。
**風味●**直接散發出香料的香味。

**外觀** 帶點紅的深褐色。

**酒體** 中等。隨溫度的上升，辛香料和櫻桃的香氣就越平衡。不會過甜，適度的酸。

### DATA
Liefmans Gluhkriek
類型：法蘭德斯棕愛爾（頂層發酵）
原料：麥芽、櫻桃、啤酒花、茴香、肉桂、丁香
內容量：750ml
酒精濃度：6.5%
生產：Liefmans啤酒廠

### 讓寒冷的冬天變溫暖的熱啤酒

　　加熱後再喝，相當稀奇的熱啤酒。

　　使用了茴香、肉桂、丁香三種辛香料，並加入櫻桃啤酒調和而成。低溫時，辛香料的香氣較明顯，加熱後，辛香味和櫻桃的香氣就變得平衡。50～60℃為佳，推薦在寒冷冬天時飲用。

　　日本大約在11月底後（2012年），會少量進口。

# 英國
# 愛爾蘭

**UNITED KINGDOM**

**IRELAND**

品嘗含有豐富香味的愛爾
酒吧文化根深蒂固的國家

British Pub

提及英國、愛爾蘭啤酒，通常都會聯想到愛爾。愛爾是以頂層發酵的方式釀製的啤酒總稱，此種啤酒不同於以底層發酵方式釀製，香氣清爽的拉格，而以芬芳高雅的香氣為特徵。雖然根據類型會有些許差異，但一般來說，9℃至常溫的溫度品嘗是最能享受香氣的。

在英國、愛爾蘭可以喝到的愛爾啤酒有好幾種，而最具代表的類型是淺色愛爾、棕色愛爾和波特啤酒。

淺色愛爾源自英格蘭特倫河畔的伯頓鎮，英國產啤酒花散發的紅茶和蘋果香氣是其特色。而酒體和之前流行的深色啤酒不同，顏色較淡，頗受歡迎。而和淺色愛爾相抗衡的就是發源於新堡的棕色愛爾。相較於淺色愛爾，啤酒花的香氣和苦味較輕，能感受到麥芽的甜味和烘焙香。而重新呈現混合了淺色愛爾和棕色愛爾製成的Three Thread啤酒，就是波特啤酒。現以酒色深黑的Robust Porter為主流。

而在愛爾蘭，使用烘烤過的大麥，釀製出有著咖啡苦味的司陶特和帶著些許紅的紅愛爾最受到歡迎。

整體來說，英國和愛爾蘭啤酒的味道比較溫和，同時也具有烘烤氣息、酒精感，是適合在悠閒談天時飲用的啤酒。

# 地區地圖
### 各地的啤酒代表

英國
# 蘇格蘭

**Traquair**
**Jacobite Ale**
蘇格蘭最為古老的啤酒廠
Traquair House，使用
18世紀的釀酒設備釀製
而成的。是帶著芫荽子香
氣的蘇格蘭烈性愛爾。

**Guinness Extra Stout**
發源自愛爾蘭，是世界知
名啤酒品牌健力士的司陶
特啤酒。自1759年至今，
始終深受全世界啤酒迷的
喜愛。

英國
# 新堡

**Newcastle**
**Brown Ale**
與相當受到歡迎的淺色
愛爾對抗，在新堡釀製
的，具有明顯麥芽性格
的棕色愛爾。以透明啤
酒瓶為特徵。

愛爾蘭
# 都柏林

愛爾蘭
# 科克

**Murphy's Irish Stout**
在愛爾蘭與健力士並駕齊
驅，同樣相當受歡迎的一
款啤酒。比同樣屬於司陶
特啤酒的健力士溫和，且
多了些果香。

英國
# 倫敦

**Fuller's London Pride**
在倫敦西部奇斯威克有350年
歷史的富樂啤酒。現在已有
能夠輸出到世界各國的生產
規模。「London Pride」是
淺色愛爾的代表。

# 地理位置越北，麥芽感就越明顯

從南部開始依序為淺色愛爾、棕色愛爾、蘇格蘭烈性愛爾，
越往北走，麥芽的甜味與烘焙香氣就越明顯。

## 英格蘭中南部

啤酒花芬芳的香味和苦味比麥芽甜更為明顯的淺色愛爾。發源地是英格蘭中部特倫河畔的伯頓鎮。這個地區的硬水水質使淺色愛爾得以釀製。

## 英格蘭北部

棕色愛爾相較於淺色愛爾，是一款壓抑啤酒花而凸顯烘焙麥芽性格的啤酒。發源自英格蘭北部的新堡，擁有堅果般的風味也是特色之一。

## 蘇格蘭

酒體飽滿且酒精濃度高的蘇格蘭烈性愛爾。酒體顏色從深銅色到褐色，屬於顏色較深的啤酒。可倒入蘇格蘭國花薊花形狀的玻璃杯，一邊享受香氣一邊飲用。

## 愛爾蘭

最具代表的類型就是司陶特啤酒。每個地區的風味或許有些許差異，但都有適合當地的司陶特啤酒。帶點紅色，散發出果香的愛爾蘭紅愛爾啤酒也頗受歡迎。

在英國和愛爾蘭，有在酒吧喝啤酒的習慣。而酒吧（Pub）是Public House的略稱，雖然跟日本的酒吧不太一樣，但都是社交的場所。

酒吧在街道上十分常見，除提供炸魚薯條等簡單的餐點外，也能品嘗啤酒。而與周遭的客人談天，悠閒地享用一品脫的啤酒（568ml）是享受酒吧時光的方式。也有許多酒吧是由啤酒廠商經營。

而酒吧的精髓所在就是在木桶進行二次發酵的桶內熟成（真愛爾）啤酒（p.87）。英國的許多酒吧裡都能喝到桶內熟成啤酒。沒有人工添加二氧化碳的圓潤溫和風味，需要依賴酒吧嚴格的管理。可說是足以代表英國的啤酒。

# STYLE
## 英國／愛爾蘭主要的啤酒類型

愛爾（頂層發酵）
**ALE**

英國

### 英式淺色愛爾

誕生於特倫河畔的伯頓鎮，顏色從金黃色至銅色都有。使用會散發出青草和冰茶香氣的英國產啤酒花釀製。果香和苦味讓人印象深刻。

### 英式棕色愛爾啤酒

誕生於新堡的褐色啤酒，酒精濃度也比較低。相較於淺色愛爾的苦，棕愛爾的苦味比較輕，但麥芽風味非常明顯。

### 英式IPA

IPA是India Pale Ale的簡稱。從前，英國以船隻運送啤酒到印度，為了防腐所以會使用大量的啤酒花，因此出現了香味和苦味十分強烈的啤酒。

### ESB

Extra Special Bitter的簡稱。強調淺色愛爾的苦，但又不像IPA般強烈，所以能夠放心飲用。麥芽的甜味和苦味平衡。

### 英式苦啤酒

英國酒吧最常喝到的爽口啤酒。在英國只要說到愛爾啤酒，就一定會想到這種類型。根據生產地的不同，在特色方面會有些微的差異。

### 波特啤酒

以18世紀初倫敦相當流行的調和啤酒作為範本而釀造的啤酒。因為受到行李搬運工（Porter）的喜愛而得名。

## 蘇格蘭烈性愛爾

在蘇格蘭釀造，酒精濃度6.2～8.0%的愛爾啤酒。帶著水果香的酯香味以及稍明顯的苦味，也帶有焦糖般的甜。

## 蘇格蘭愛爾

蘇格蘭到處可以喝到的啤酒。酒精濃度3.0～5.0%左右，喝多了也不會膩。

愛爾蘭

## 愛爾蘭式不甜司陶特

亞瑟・健力士改良了波特啤酒而釀造的黑啤酒。使用了未經麥芽化但是烘烤過的大麥釀造，所以苦味較重，顏色比較黑。

## 帝國司陶特啤酒

由司陶特啤酒演變而來，提高了酒精濃度，強調啤酒花性格，帶著明顯果香的啤酒。此款啤酒曾供應俄國皇室飲用，所以有「帝國」之名。

## 大麥酒

酒精濃度在7.5～12.0%以上，非常烈的愛爾統稱為大麥酒。呈黃褐色到暗褐色，酒體飽滿。

## 愛爾蘭式紅愛爾

過去在愛爾蘭就相當受到歡迎，帶有紅色調的啤酒。酒精濃度約4.0%，十分清爽。

在歷史超過350年，倫敦最古老的啤酒廠生產

# Fuller's

## 富樂

London Pride

**LABEL**
酒標上方的鷹頭獅是富樂的標誌。另外也有麥芽和啤酒花圖案。

使用Target、Challenger、Northdown三種英國產的啤酒花。啤酒花和麥芽香非常平衡，風味迷人。

 **氣味**●散發出些微葡萄柚的柑橘類香氣。以及高雅紅茶的香氣。
**風味**●讓人聯想到焦糖及烤麵包的風味。烘焙的麥芽香也十分明顯。

香氣

清澈的淺銅色。泡沫帶著些許的綠色。

外觀

中等。帶著適當的麥芽甘甜香，非常順口。

酒體

**DATA**

**Fuller's London Pride**
類型：英式淺色愛爾（頂層發酵）
原料：麥芽、啤酒花
內容量：330ml
酒精濃度：4.7%
生產：Fuller, Smith & Turner公司

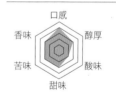

口感 / 香味 / 醇厚 / 苦味 / 酸味 / 甜味

釀造「London Pride」的Fuller, Smith & Turner公司是由John Bird Fuller、Henry Smyth、John Turner三人在泰晤士河畔，倫敦西部的奇斯威克建立的。雖然1845年才創業，但其前身是具有350年歷史的啤酒廠。從家族經營的小啤酒廠起家，如今已成為向全球輸出啤酒，並在英國國內擁有360間酒吧和飯店的公司了。

每一款啤酒的評價都相當的高，其中

「London Pride」是英國最受歡迎的淺色愛爾之一。此款啤酒在每年八月倫敦舉辦的「CAMRA Champion Beer of Britain」以及其他的世界啤酒大賽中，都曾多次獲獎。

商標是傳說會守護酒瓶的生物「鷹頭獅」，所以倫敦市民也稱它為「鷹頭獅啤酒廠」。

## 些微的苦味，最適合跟甜點一起享用

# Fuller's

### 富樂
London Porter

**LABEL**
會讓人誤以為苦味很重的顏色。插圖是搬運啤酒的搬運工。

**香氣**

**氣味**●巧克力麥芽的香氣讓人聯想到咖啡和巧克力。

**風味**●咖啡的苦香，以及焦糖甜香。

**外觀**
巧克力般的黑，泡沫則帶點褐色。

**酒體**
中等。給人口感強烈的印象，但喝起來卻意外的順口。

**DATA**

Fuller's
London Porter
類型：波特啤酒
（頂層發酵）
原料：麥芽、啤酒花
內容量：330ml
酒精濃度：5.4%
生產：Fuller, Smith & Turner公司

是波特啤酒中的模範產品。綿密的風味是由褐色麥芽、結晶麥芽、巧克力麥芽三種麥芽混合釀造而成的。啤酒花是英國產的Fuggle啤酒花。適合搭配巧克力和甜點品嘗。

## 英國代表性的ESB

# Fuller's

### 富樂
ESB

**LABEL**
顯眼的「ESB」字母。上面還畫有獎牌插圖和「Champion Ale」。

**香氣**

**氣味**●櫻桃和柳橙的香氣。也有麥芽和焦糖的甜香。

**風味**●葡萄柚、柳橙、檸檬的柑橘類香味中，混有青草的清香。

**外觀**
不混濁，略深的銅色。泡沫是奶油色。

**酒體**
重。為了和苦味調和，整體的風味偏厚重。酒精辣味。

**DATA**

Fuller's ESB
類型：ESB
（頂層發酵）
原料：麥芽、啤酒花
內容量：330ml
酒精濃度：5.9%
生產：Fuller, Smith & Turner公司

富樂的「ESB（Extra Special Bitter／特級苦味）」就如其名，是一款以強烈苦味為特色的啤酒。雖然如此，入口時並不單只有苦味，還帶有焦糖的甜香和餅乾般的麥芽香，味道相當豐富。

從淺色愛爾發源地推展至全世界

# Bass
## 巴斯
Pale Ale

**LABEL**
英國商標登記
第1號的紅色
三角，看到這
個圖案就會想
到巴斯啤酒。

入口時，會先感受到
麥芽甜，接著是明顯
的啤酒花苦味。讓人
想要慢慢品嘗的淺色
愛爾。

**氣味●**雖能感受到果香
卻不是很強烈。給人清
香氣　爽的印象。
**風味●**清爽的啤酒花香
味，以及果香和麵包的
麥芽香。

帶點紅的琥珀色和乳白
色泡沫形成對比，看起
外觀　來很美。

中等。低調的麥芽甜，
不會殘留在口腔。喝起
酒體　來很順口。

**DATA**

**Bass Pale Ale**
類型：英式淺色愛爾（頂層發酵）
原料：麥芽、啤酒花、糖類、
香料
內容量：355ml
酒精濃度：5.1%
生產：Bass公司

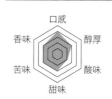

口感
香味　　　　醇厚

苦味　　　　酸味

甜味

　　「Bass Pale Ale」是由William Bass在
1777年於特倫河畔的伯頓鎮開始生產。
這個地方的水質是富含鈣和鎂等礦物質的
硬水，也就是這些礦物質讓此款啤酒呈現
獨特的琥珀色。在軟水水質的地區要釀造
淺色愛爾，需要將軟水轉換成硬水，這個
工程就叫做「伯頓化（Burtonize）」。
由此可知，特倫河畔伯頓的水質對釀造淺

色愛爾有相當大的關係。
　　Bass Pale Ale是英國王室的御用啤酒，
商標上的紅色三角是英國商標登記的第1
號。此款啤酒據說在有名的鐵達尼號上也
儲存了許多，而日本則是在明治時期就已
引進。當時即聞名全球的Bass Pale Ale，
如今仍是最受歡迎的淺色愛爾。

# 木桶熟成的有機啤酒

# Samuel Smith

## 山繆史密斯

Organic Pale Ale

## LABEL
酒標上方是1896
年得到的金牌獎
插圖，象徵其悠
久的歷史。

因為是在橡木桶裡熟
成，所以味道溫醇且
帶點酸味。最佳的品
嘗溫度是11℃，能聞
到從玻璃杯散發出的
甘甜香氣。

香氣

氣味●焦糖般的甜香，以
及草莓般的酸甜香氣。
風味●烘焙過的麥芽香，
及接近熟成葡萄酒的香
味。

外觀

清透的褐色。泡沫是淺褐
色，在淺色愛爾中顏色算
較深的。泡沫豐厚持久。

酒體

飽滿。入口的瞬間，並不
會覺得酸味過重。

〈主要酒款〉
· Organic Lager
· Oatmeal Stout
· Taddy Porter

( DATA )

**Samuel Smith Organic Pale Ale**
類型：英式淺色愛爾（頂層發酵）
原料：麥芽、啤酒花
內容量：355ml
酒精濃度：5.0%
生產：Samuel Smith老酒廠

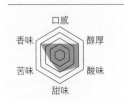

口感
香味　　醇厚
苦味　　酸味
甜味

Samuel Smith是在英國北部約克郡的塔德卡斯特（Tadcaster）酒廠釀造的。這座啤酒廠成立於1758年，是約克郡最古老的啤酒廠。成立時挖掘了一座深26公尺的井，目前仍使用其井水（硬水）來釀酒。用來發酵的酵母也從19世紀以來就未曾改變，並且在稱為「約克郡石方」的石製發酵槽中進行發酵，是少數持續遵循古法釀造的啤酒廠之一。在當地會使用馬車來運送，可見不光只有釀造方法，就連運送方式都講求傳統。

就如「Samuel Smith Organic Pale Ale」的名字，這是一款講求使用有機原料釀造的啤酒。當然其他啤酒也完全沒有使用人工甘味劑、香料和色素。是完全承襲傳統的啤酒。

絲綢般的「曼徹斯特的泡沫」

# Boddingtons

伯丁罕

Pub Ale

## LABEL

酒桶上停了蜜蜂的商標圖案。跟蜜蜂的顏色做搭配，以黃色和黑色來設計瓶身。

細緻的泡沫和溫和的口感是這款啤酒的特色。希望能在酒吧慢慢享受啤酒所散發出的水果香味。

**香氣**

氣味●淡淡蜂蜜香氣。打開易開罐的瞬間，飄散出溫和的甜香。

風味●蘋果和紅茶般的香氣，以及麥芽的焦糖香刺激嗅覺。

**外觀**

清透的銅色以及細緻的白色啤酒泡。泡沫相當的持久，即使飲用時間長也能維持美麗姿態。

**酒體**

中等。清爽的口感，氣泡很少，容易入口。

### DATA

**Boddingtons Pub Ale**

類型：英式淺色愛爾（頂層發酵）
原料：麥芽、啤酒花、小麥
內容量：440ml
酒精濃度：4.7%
生產：Anheuser-Busch InBev

「Boddingtons Pub Ale」來自曼徹斯特一間建立於1778年的啤酒廠。1853年，亨利·伯丁罕成為經營者，現在隸屬於世界最大的啤酒製造商Anheuser-Busch InBev集團。

此款啤酒的特色在於滑順的口感，以及稱為「曼徹斯特泡沫」的綿密啤酒泡。這是因為易開罐裡面稱為Floating Widget的塑膠製裝置發生作用，因此在打開易開罐的瞬間，啤酒受到刺激，產生細緻的泡沫。最好是能夠準備大玻璃杯，然後將啤酒慢慢地一次全部倒入，等泡沫定型後再就口享用。麥芽甜和酸味在口腔擴散，最後再轉變成啤酒花和麥芽的苦。就像在當地酒吧享用那樣，能享受風味的變化。

能夠享受麥芽風味的英國No.1愛爾

# Newcastle Brown Ale

新堡棕色愛爾

**LABEL**
中間的大藍色星星是紀念1928年啤酒博覽會獲獎的圖案。

能感受到烘烤麥芽甜味的啤酒。在焦糖般的甘甜之後，剩下酸味和咖啡般的苦味。

**香氣**
氣味●來自麥芽的甜香。淺色愛爾般的啤酒花香不太明顯。
風味●焦糖香和堅果的烘焙香氣，也有些許果香。

**外觀**
來自烘烤過麥芽的褐色為其特徵。深色酒體與白色啤酒泡的對比十分美麗。

**酒體**
中等。適度的烘烤麥芽甜，喝起來很順口。

### DATA

**Newcastle Brown Ale**
類型：英式棕色愛爾（頂層發酵）
原料：麥芽、啤酒花、小麥、糖類、焦糖
內容量：330ml
酒精濃度：5.0%
生產：Heineken International

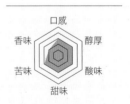

英國愛爾中銷售最好的就是「Newcastle Brown Ale」。1925年，由J.Porter上校在英格蘭東北部的新堡研發而成。在二十世紀初，棕色愛爾是為了要對抗在英國大受歡迎的淺色愛爾而釀製的。現在隸屬於Heinken International，並且行銷至世界40幾個國家。

以透明酒瓶包裝，可以欣賞到啤酒本身美麗的琥珀色，但要特別注意保存狀態。因為啤酒受到紫外線照射會讓啤酒花劣化，並且產生難聞的氣味，而透明瓶身無法阻絕紫外線，因此保存時要格外注意，千萬要避免暴露在光線下，這樣才能喝到品質好的啤酒。

相較於有明顯啤酒花香氣的淺色愛爾，棕色愛爾的啤酒花氣味較弱。味道不會太過極端，後味也沒有太強的癖性，喝起來很順口。

# 高爾夫發源地唯一販售的啤酒
# Belhaven
## 貝爾黑芬
St. Andrews Ale

# 以戰鬥機為名的淺色愛爾
# Shepherd Neame
## 雪菲德尼姆
Spitfire

〈主要酒款〉
· Bishops Finger

**LABEL**
畫有「高爾夫發源地」的聖安德魯斯高爾夫球場的圖案。

**LABEL**
令人聯想到英國國旗的色調。在肯特郡釀造，故有「Kentish Ale」字樣。

氣味●啤酒花不斷散發出的果香，以及些微的辛香。
風味●烘烤麥芽和焦糖的風味。另外也有微酸的果香味。

因麥芽經過烘烤而產生的深銅色。泡沫是奶油色，相當細緻。
外觀

中等。風味紮實，能品嘗到麥芽的甜美。
酒體

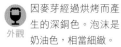
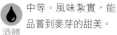

〈DATA〉
**St. Andrews Ale**
類型：蘇格蘭愛爾（頂層發酵）
原料：麥芽、啤酒花
內容量：355ml
酒精濃度：約4.6%
生產：Belhaven啤酒廠

氣味●散發出辛辣、藥草般的啤酒花香氣。
風味●雖然辛辣但後面卻有溫和的柑橘香味。
香氣

從透明瓶身就能看穿的透明琥珀色。泡沫也夾雜著些許的琥珀色。
外觀

中等。充滿麥芽感，再加上啤酒花的辛辣，喝起來乾爽。
酒體

〈DATA〉
**Spitfire**
類型：英式淺色愛爾（頂層發酵）
原料：麥芽、啤酒花、糖類
內容量：500ml
酒精濃度：4.5%
生產：Shepherd Neame啤酒廠

據記載，貝爾黑芬是14世紀由本篤會修道士在蘇格蘭創立。現在仍是從當時的井取水使用。是唯一冠上高爾夫發源地聖安德魯斯之名，在酒吧販售的啤酒。

1698年於倫敦東南的肯特郡設立的雪菲德尼姆，是英國最古老的啤酒廠。Spitfire（噴火戰機）是紀念不列顛空戰50周年而釀製的啤酒，故以第二次世界大戰對抗德軍的戰鬥機來命名。

童話國度的精品啤酒

# Wychwood

## 威治伍德

Hobgoblin

**LABEL**
如同繪本的設計，畫了一個中世紀歐洲的妖精。

能品嘗到麥芽的甜以及果酸感，最後則殘留西洋梨的香味。各種風味相當協調。

**氣味**●混合了成熟果實以及黑巧克力的香氣。
香氣
**風味**●除了柑橘香氣外，也可感受到餅乾、麵包似的風味。

外觀　不混濁的深褐色，以及細緻綿密的泡沫。

酒體　飽滿。能感受到明顯的麥芽風味，酸味並不明顯。

〈主要酒款〉
· Witchcraft
· Goliath

**DATA**

**Hobgoblin**
類型：深色愛爾（頂層發酵）
原料：麥芽、啤酒花
內容量：330ml
酒精濃度：5.0%
生產：Marston's

　　Wychwood啤酒廠是1841年從一家小啤酒廠開始的，曾經以Eagle Brewery之名經營，但1990年更改為現在的名稱。酒廠以女巫為商標，所以到處都能讓人感受到童話的氣氛。但因為妖精是此款旗艦商品的代表圖案，所以比起魔女更為有名。

　　Hobgoblin（妖精啤酒）是1996年開始

釀製的新款啤酒。使用了淺色麥芽和結晶麥芽，以及少量的巧克力麥芽。啤酒花方面，Fuggle啤酒花帶來苦味，另外使用的Golding啤酒花則帶來柑橘香。這些原料讓啤酒產生紅寶石的顏色，以及平衡的風味，開始販售後立即成為人氣商品。

　　日本也有妖精酒吧和餐廳，不只能品嘗到「妖精啤酒」，也能吃到英式餐點。

口感清爽的金黃愛爾
# Harviestoun
海威斯
bitter & twisted

蘇格蘭最棒的愛爾之一
# Traquair
卓魁爾
Jacobite Ale

〈主要酒款〉
· Old Engine Oil
· Ola Dubh
· Schiehallion

**LABEL**
把啤酒花拿到背後，手扠腰的可愛小老鼠是海威斯的標誌。

〈主要酒款〉
· Traquair House Ale

**LABEL**
酒標上畫了蘇格蘭國花紫薊。1745年是反革命的詹姆斯二世黨人最後一次起義的年份。

香氣　氣味●檸檬和葡萄柚般的清爽氣息。
風味●麥芽甜和檸檬香在口中擴散開來。

外觀　如商標寫的「Blond Beer」，有著漂亮的金黃色。泡沫是純白的。

酒體　中等。風味紮實，能仔細品味麥芽甜香。

〈DATA〉
**bitter & twisted**
類型：金黃愛爾（頂層發酵）
原料：麥芽、啤酒花
內容量：500ml
酒精濃度：約4.2%
生產：Harviestoun 啤酒廠

香氣　氣味●除了烘烤麥芽的香氣，也散發著紅茶和蘋果的香。
風味●柑橘類的香味和芫荽子的辛香味。

外觀　黑色，幾乎不透光。和帶點黃色的泡沫形成有趣的對比。

酒體　飽滿。能感受到明顯的酒味，所以會想要慢慢地品嘗。

〈DATA〉
**Traquair Jacobite Ale**
類型：蘇格蘭烈性愛爾（頂層發酵）
原料：麥芽、啤酒花、芫荽子
內容量：330ml
酒精濃度：8.0%
生產：Traquair 啤酒廠

　　在蘇格蘭高地區阿爾瓦創業的海威斯。以檸檬般酸味為特徵的「Bitter & Twisted」曾多次獲獎，其中包括在WBA獲得的世界最佳愛爾獎項。

　　Traquair Jacobite Ale是由蘇格蘭最古老的啤酒廠卓魁爾釀製的。使用在1965年被發現的18世紀釀酒設備來釀製，在蘇格蘭烈性愛爾當中，也是公認最出色的。

啤酒花散發出柑橘類水果香、充滿啤酒花風味的IPA

# BrewDog

## 啤酒狗
Punk IPA

**LABEL**
和傳統的啤酒有些不同，設計感強的酒標相當有特色。酒標顏色因啤酒而異。

麥芽是使用Maris Otter淺色麥芽，而啤酒花則選擇Nelson Sauvin、Simcoe等。麥芽甜和啤酒花的苦在口中散開。

**香氣** 氣味●倒入杯中的瞬間，散發出讓人聯想到葡萄柚的柑橘類香氣。
風味●讓人想起葡萄柚和柳橙白色果皮的香味。

**外觀** 透明的銅色。泡沫豐厚且相當持久。

**酒體** 中等。為了能和啤酒花的苦取得平衡，所以酒體較為飽滿。

〈主要酒款〉
· Hardcore IPA
· 5 A.M. Saint
· Dead Pony Club
· TOKYO☆Strong Stout

**DATA**

**Punk IPA**
類型：英式IPA（頂層發酵）
原料：麥芽、啤酒花
內容量：330ml
酒精濃度：5.6%
生產：Brew Dog啤酒廠

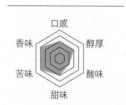

口感
香味　　醇厚
苦味　　酸味
甜味

Brew Dog啤酒廠在2007年創立於目前仍有許多傳統啤酒廠的英國。愛喝啤酒的詹姆斯·華特以及馬丁·迪奇兩人在蘇格蘭東北部的弗瑞澤堡（Fraserburgh）創立，為了對抗充滿商業考量的啤酒，而不斷推出講究品質的產品。Punk IPA和Hardcore IPA等不僅品質佳，名字也很獨特。在風味沉穩的英式啤酒當中，這樣獨樹一幟的啤酒馬上引起注意，受到世界各國啤酒迷的喜愛。現在酒廠仍持續成長，除了在亞伯丁開設直營啤酒吧1號店之外，其餘還有10間店陸續展店。

「Punk IPA」是啤酒狗最具代表性的一款啤酒，曾經獲得大型賣場TESCO的暢銷啤酒獎。其他啤酒也在World Beer Cup以及World Beer Award中，留下得獎紀錄。

## 融入凱爾特美麗香氣的啤酒
# Celt
### 凱爾特
Bleddyn 1075

〈主要酒款〉
· Celt Golden Ale
· Celt Bronze Ale

**LABEL**
簡約高雅的商標。以1075年過世的威爾斯國王Bleddyn來命名。

 **氣味**●能聞到葡萄柚的柑橘香。
**風味**●柑橘類香味和大吉嶺紅茶般的風味在口中擴散開來。

**外觀** 經過仔細過濾而呈現透明的金黃色。但泡沫並不持久。

**酒體** 中等。和清透酒色給人的印象不同,風味強健,甜味與苦味表現諧調。

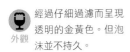

〔DATA〕
**Celt Bleddyn 1075**
類型:英式淺色愛爾(頂層發酵)
原料:麥芽、啤酒花
內容量:500ml
酒精濃度:5.6%
生產:Celt Experience啤酒廠

從凱爾特人歷史獲得啟發,以有機原料釀製的Celt Experience。歷史雖短,但已獲得許多獎項,評價頗高。Bleddyn 1075的特色是毫無雜味的香氣和麥芽的平衡表現。

## 小規模啤酒廠製造的有機啤酒
# Black Isle
### 黑島
Organic Goldeneye Pale Ale

〈主要酒款〉
· Organic Red Kite Ale
· Blonde Lager
· Porter
· Scotch Ale

**LABEL**
以蘇格蘭國花「紫薊」為範本的設計。中間圓形圖案的顏色依酒款不同而變化。

**香氣** **氣味**●萊姆般的柑橘香。
**風味**●不但有柑橘類的香味,也能感受到漿果的香。

**外觀** 透明的金黃色相當美。帶著淺奶油色的泡沫並不持久。

**酒體** 中等。因使用小麥所以味道很圓潤。

〔DATA〕
**Black Isle Organic Goldeneye Pale Ale**
類型:英式淺色愛爾(頂層發酵)
原料:麥芽、啤酒花、小麥
內容量:330ml
酒精濃度:5.6%
生產:Black Isle啤酒廠

於1998年創業的黑島啤酒廠是位於蘇格蘭的小規模啤酒廠,釀製高品質的有機啤酒。「Goldeneye Pale Ale」混合了結晶麥芽和小麥,散發出麥芽甜和些許酸味,味道相當豐富。

## 任何人都知道的招牌黑啤酒
# Guinness®

## 健力士
Extra Stout

### LABEL

豎琴圖案是自中世紀以後代表愛爾蘭的象徵。上面也有亞瑟‧健力士的簽名。

Extra Stout是源自早年產品「Extra Superior Porter」的啤酒。泡沫相當細緻。

 氣味●巧克力般的香味和焦香。

香氣　風味●烘烤過大麥散發出咖啡般的香。也能感受到些微的煙燻味。

 黑啤酒的代表，黑色酒體以及細緻綿密的泡沫。從外觀就知道是健力士。

外觀

中等。強度並不像顏色那樣的重，也給人乾爽的印象，容易入喉。

酒體

〈主要酒款〉
‧Draft

**DATA**

**Guinness Extra Stout**
類型：愛爾蘭乾爽司陶特
（頂層發酵）
原料：麥芽、啤酒花、大麥
內容量：330ml
酒精濃度：5.0%
生產：Diageo公司

　提到「黑啤酒」，最有名的應該就是健力士了。1759年，由亞瑟‧健力士製造，受到全世界啤酒迷的喜愛。因為使用烘烤過的麥芽釀製所以呈現黑色。當時因為麥芽會被課稅金，注意到這點的亞瑟，據說便開始將未製成麥芽的大麥烘烤後直接使用。綿密泡沫是健力士的特色，而這是因為氮氣所致。最完美的飲用法是倒出後不要馬上喝，等泡沫層次明顯後再喝。

看泡沫緩緩上升成型也是品嘗健力士啤酒的趣味之一。

　世界各國都能夠喝到此款啤酒，但即使外觀相同，酒精濃度卻是從4.0～8.0%都有。有些健力士在日本是喝不到的。在日本也有罐裝健力士，易開罐裡的Floating Widget（球狀膠囊）會產生細緻的泡沫，像酒吧裡喝的那樣。

## 愛爾蘭紅愛爾的代表性啤酒
# Kilkenny ®
## 基爾肯尼

### LABEL
使用象徵愛爾蘭的綠色，
及紅愛爾的紅色來設計。

 氣味 ● 能聞到水果香，但是並不明顯。
風味 ● 麥芽的甜香，及低調的啤酒花香。

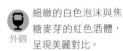 細緻的白色泡沫與焦糖麥芽的紅色酒體，呈現美麗對比。

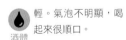 輕。氣泡不明顯，喝起來很順口。

**DATA**

**Kilkenny**

類型：愛爾蘭紅愛爾（頂層發酵）

原料：麥芽、啤酒花、大麥

內容量：30公升桶裝

酒精濃度：4.5%

生產：Diageo公司

　　紅愛爾和司陶特並列為愛爾蘭最受歡迎的啤酒。Kilkenny是1710年，在聖法蘭西斯修道院啤酒廠誕生的，之後便成為愛爾蘭紅愛爾的代表酒款。香味和酒體都不強烈，是容易飲用的一款啤酒。

## 在愛爾蘭相當受到歡迎
# Murphy's
## 莫菲
### Irish Stout

### LABEL
讓人聯想到深黑酒體與綿密泡沫的簡單色調。同時也畫有徽章及誕生年份。

 氣味 ● 巧克力和咖啡般的香氣，以及讓人想到成熟果實的香氣。
風味 ● 烘烤過的風味，同時有帶酸感的果味。

 司陶特才有的黑色。因Widget而有的綿密泡沫略帶點褐色。

 中等。苦味不會太重，酒精濃度也不高，給人溫順的印象。

**DATA**

**Irish Stout**

類型：愛爾蘭乾爽司陶特（頂層發酵）

原料：麥芽、啤酒花、小麥

內容量：500ml

酒精濃度：5.6%

生產：海尼根

　　1856年，因James J. Murphy而誕生的莫菲。在愛爾蘭有不是喝莫菲就是喝健力士的說法，可見其受歡迎的程度。在啤酒廠所在的科克郡，莫菲啤酒更有人氣。全世界有80個以上的國家都能品嘗到此款啤酒。

# 只有在當地才能品嘗到
# 桶內熟成啤酒的魅力

無關乎生產量，有些啤酒是絕對無法從英國進
口的。在此介紹只有在酒吧文化和愛爾啤酒盛
行的英國才能享受的啤酒魅力。

因運送及保存啤酒的技術進步，所以
即使在日本也能品嘗到品質不輸給當地的
啤酒。但是在英國，還是有些啤酒只有在
當地才能喝到，那就是桶內熟成啤酒。

桶內熟成啤酒就是在酒桶（Cask）裡
進行二次發酵，以調整啤酒的狀態。桶內
熟成啤酒在啤酒廠釀好之後，不經過過濾
和熱處理就裝入酒桶，讓酵母保留在酒桶
裡直接送到店家。然後在店家繼續進行二
次發酵，等適合的時間點就可以開桶飲
用。但是判斷這個時間點就要看店家的本
事了。

其實桶內熟成啤酒曾經在某個時期荒
廢。四位年輕人對此情形感到相當擔憂，
於是成立了名叫CAMRA（Campaign for
Real Ale）消費者團體，將傳統的桶內熟
成啤酒定義為「真愛爾（Real Ale）」，
並且極力推廣。現在之所以能在酒吧喝到
桶內熟成啤酒，應該要歸功於CAMRA的
推展活動。

桶內熟成啤酒並不會另外加入二氧化
碳，只有因發酵而產生的二氧化碳融入其
中，所以喝起來非常順口。有些日本精釀
啤酒廠商也釀桶內熟成啤酒，但只有在英
國的酒吧裡才能喝到英國的桶內熟成啤
酒。若有機會前往英國，請一定要到酒吧
品嘗一下專家的技術。

在酒吧地下室等待熟成的酒桶（釀製）

Photo by Fujiwara hiroyuki

# 其他
# 歐洲
## EUROPE

從傳統的啤酒，
到創新酒款，
每個國家創造出
屬於自己的風味。

> 歐洲分布地圖

## 丹麥
### DENMARK

世界知名的酒款是底層發酵啤酒的嘉士伯（Carlsberg）以及圖堡（Tuborg）。新浪潮則是自己沒有啤酒廠，而與世界各地的啤酒廠合作釀製啤酒。像米凱樂（Mikkeller）這樣具獨特性的製造商。

## 荷蘭
### NETHERLANDS

有聞名世界的海尼根、葛蘭斯等底層發酵的啤酒。在荷蘭與比利時的交界地區，也有釀製比利時類型的醇厚啤酒。其中最有名的，就是塔伯特（La Trappe）修道院釀製的嚴規熙篤會啤酒，有些酒款的酒精濃度甚至高達10.0%。其他也有像是風車酒廠（De Molen）等小型啤酒廠，釀製具有個性的啤酒。

## 義大利
### ITALY

比較有名的啤酒有莫雷蒂（Moretti）以及沛羅尼（Peroni Nastro Azzurro）。以北義大利為中心，Birra Del Borgo以及Baladin等手工精釀啤酒也開始掀起風潮。

## 俄國
### RUSSIA

或許是因為喜歡喝伏特加等烈酒，所以俄國人也偏好酒精濃度較高的啤酒。過去曾有從英國大量進口帝國司陶特啤酒的歷史，而現在則有稱為波羅的海波特（Baltic porter）的黑色系啤酒。這款啤酒並不是使用頂層發酵酵母，而是以底層發酵酵母來釀製。

Russian Federation

## 捷克
### THE CZECH REPUBLIC

捷克的皮爾森是目前在全世界流通的皮爾森類型的發源地。主要以傳統的皮爾森啤酒以及深色拉格為主，但其他也有一些小規模的啤酒廠會生產愛爾類型啤酒，而此潮流正慢慢在捷克擴散開來。

## 奧地利
### AUSTRIA

帶點麥芽甜香與風味的維也納拉格的發源地。但這個類型的啤酒現在幾乎看不到了，在和德國銜接的地區，有不少酒廠釀製德式類型的皮爾森啤酒以及小麥啤酒。另外也有添加阿爾卑斯藥草的啤酒。

德國、比利時、英國等啤酒大國所在的歐洲，啤酒文化很快普及至境內各地。

雖然歐洲給人使用硬水釀造啤酒的印象，但整體來說是承繼了底層發酵啤酒的皮爾森，生產許多像是海尼根、圖堡等淺色拉格啤酒。

近年來，因為精釀啤酒的流行，使得開始釀造頂層發酵啤酒和烈性啤酒、紅酒桶熟成啤酒等產品的酒廠也越來越多了。而此潮流對捷克、斯洛伐克、北義大利、丹麥、荷蘭、挪威、瑞士等國家影響更大，產生許多相當獨特的啤酒。

# STYLE
## 歐洲的其他主要類型

## 拉格（底層發酵）
### LAGER

捷克
### 波希米亞皮爾森啤酒

1842年，在皮爾森誕生的淺色底層發酵啤酒，是全世界都能喝到的皮爾森啤酒的類型範本。與德國的德式皮爾森相較之下，顏色比較深，麥芽感也較明顯。

奧地利
### 維也納拉格

發源於奧地利的維也納。因為原料維也納麥芽帶點紅色，所以酒體顏色也比較深，並且散發出烤麵包的香氣。十月慶典啤酒據說就是以這個類型為基礎釀造的。相較於歐洲，現在這個啤酒類型在墨西哥、美國更受歡迎。

歐洲
### 國際皮爾森啤酒

風行世界的皮爾森類型，是麥芽甜和啤酒花苦都不太明顯的一種類型。使用稻米或玉米來釀造的也不少。在World Beer Cup等比賽中，國際皮爾森啤酒自成一類。日本的量產商業啤酒也屬於此類。

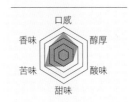

捷克

最早釀造的金黃色皮爾森啤酒

# Pilsner Urquell

## 皮爾森歐克

**LABEL**

為了搭配酒瓶的顏色，所以在白色商標上面寫上了綠色字體。紅色蠟印中央的是啤酒廠的大門。

1842年在皮爾森誕生，屬於正宗皮爾森類型的啤酒。以皮爾森的軟水和淺色麥芽釀製而成的傑作。

氣味●高雅的啤酒花香。

風味●讓人想到法國麵包的麵包心（白色部分）的麥芽香味，以及高雅的啤酒花風味。

香氣

外觀　透明的金黃色。

酒體　中等。帶有啤酒花的舒服苦味，最適合作為餐前酒飲用。

**DATA**

**Pilsner Urquell**

類型：波希米亞皮爾森（底層發酵）

原料：麥芽、啤酒花、酵母、水

內容量：330ml

酒精濃度：4.4%

生產：SAB Miller

```
          口感
  香味  ⬡  醇厚
  苦味  ⬡  酸味
          甜味
```

風行世界的金黃色皮爾森類型就是從這款啤酒開始的。Urquell 是「原創者」的意思。在1842年，還只有深色啤酒的時代，皮爾森市的啤酒廠聘請了德國釀酒師約瑟夫・古羅爾，釀製出淺色的底層發酵啤酒。這帶著高雅的啤酒花苦味，與耀眼金黃色的嶄新啤酒，震撼了許多人。

隨著玻璃製酒杯的普及，此款啤酒在世界各地也開始受到歡迎，並以爆炸般的速度擴展開來。日本的量產商業啤酒追根究柢，也是承襲了這款啤酒。

現在「皮爾森歐克」這個品牌由南非米勒公司持有。以稱為煮出法（Decotion）的傳統糖化方式重複進行三次，堅守著傳統風味。

啤酒廠會舉辦參觀活動，並讓民眾試飲從酒桶直接取出未經過濾的啤酒。其附設餐廳也提供新鮮的皮爾森歐克。

大型啤酒廠商也嚮往的正宗啤酒

# Budweiser Budvar

## 捷克百威啤酒

LABEL
白底上寫著紅色
的字體，簡單又
一目了然。

跟美國百威的拼法都
是Budweiser，但風
味卻完全不同。捷克
的Budweiser比較有
啤酒風味。

**香氣**
氣味●麥香和Saaz啤酒
花的芬芳香氣。
風味●啤酒花的香，以及
明顯的苦味。

**外觀**
皮爾森類型的透明金黃
色。

**酒體**
中等。苦中帶點甜，適合
跟肉類菜色一起享用。

〈主要酒款〉
· Dark Lager
· Premium Lager

DATA

**Budweiser Budvar**
類型：波希米亞皮爾森
（底層發酵）
原料：麥芽、啤酒花、酵母、水
內容量：330ml
酒精濃度：4.7%
生產：Budejovicky Budvar

```
          口感
   香味          醇厚

   苦味          酸味
          甜味
```

產於捷克南部布德約維茨（Ceske Budejovice）的啤酒。高雅的啤酒花香，以及淡淡的麵包、奶油香。

這個啤酒廠也生產淺色啤酒和深色拉格。淺色啤酒有著溫順的味道，深色啤酒則像是在淡色的「捷克百威啤酒」裡加了咖啡般的烘焙香氣。在啤酒廠附設的餐廳中，可以品嘗美食同時享用啤酒。

雖然都拼作Budweiser Budvar，但美國的Budweiser是英語發音。因為模仿了高級啤酒「Budweiser」的名字，所以雙方曾經為了商標權進行訴訟，目前已經達成和解。

以布滿法國梧桐的小路命名，傳統的捷克啤酒

# Platan
## 普拉坦
Grana't 11

## LABEL
以酒紅色為基調設計的酒標，搭配法國梧桐的葉子。

雖然呈現美麗的淺褐色，但酒精濃度只有4.6%，容易入口。

氣味●焦糖香和高雅的啤酒花香。
香氣
風味●有麥芽烘焙的香味以及高雅的啤酒花風道。

外觀　清澈的淺褐色。

酒體　中等。有溫順的苦味，口感相當清爽。

〈主要酒款〉
· Perla 14

**DATA**

**Grana't 11**
類型：深色啤酒（底層發酵）
原料：麥芽、啤酒花、酵母
內容量：500ml
酒精濃度：4.6%
生產：Protivinsky

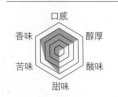

口感
香味　　醇厚
苦味　　酸味
甜味

啤酒廠位於捷克西南部的普羅蒂溫（Protivin），歷史可追溯至16世紀前。

自1800年代後半至1900年，酒廠不僅在捷克國內，連柏林、紐約也都設有倉庫，規模相當大。但一次世界大戰後，因為國外顧客減少，規模逐漸縮小。

後來酒廠被收歸國有，2000年一度被當地政府買下，但之後又民營化。這間歷史悠久又複雜的釀酒廠，如今為Lobkowicz啤酒集團所有。

Platan 這個名字源自於通往釀酒廠布滿法國梧桐的小路。並以道路兩旁茂密的樹葉為商標，繪製於瓶頸和酒標上。

「Grana't 11」屬於深色拉格，麥芽的烘焙香氣讓人印象深刻，酒精濃度只有4.6%，容易入口。

🟰 奧地利

提洛邦引以為傲的當地啤酒

# Zillertal

## 齊勒谷

Pils Premium Class

**LABEL**
寫在可愛酒標下方
的「seit1500」是
強調酒廠創業於
1500年的歷史。

以適合釀製啤酒，源
自阿爾卑斯的天然雪
水釀造的啤酒。使用
提洛邦的傳統釀造
法，並且至少經過3
個月的熟成。

 **香氣**
氣味●紮實的麥芽和啤酒
花香氣。
風味●啤酒花的苦和麥芽
的甜擁有絕佳平衡。

 **外觀**
淺金黃色。泡沫細緻綿
密。

 **酒體**
非常清爽順口，沒有太強
的餘味。

〈主要酒款〉
· Weißbier
· Schwarzes
· Zwickel
· Radler
· Gauder Bock

**DATA**

**Zillertal Pils Premium Class**
類型：德國皮爾森（底層發酵）
原料：麥芽、啤酒花
內容量：330ml
酒精濃度：5.0%
生產：Zillertal Bier公司

提諾邦是橫跨奧地利西部以及義大利
北部，擁有冰河和滑雪場的觀光盛地。而
Zillertal啤酒公司在此地已經擁有500年
以上的歷史，是奧地利相當古老的企業之
一，也是國內第一家釀造皮爾森啤酒的啤
酒廠。

Zillertal這個名字是從流經酒廠附近的
Ziller河，以及德語的「溪谷（tar）」來

命名的。使用阿爾卑斯山的雪水，國產的
麥芽和啤酒花釀造出屬於當地的啤酒。長
時間的低溫熟成也是當地的傳統釀酒方
式。

但要在日本喝到這樣能代表奧地利的
啤酒，卻是相當晚近的事。2009年為了
紀念「日本與奧地利友好年」才開始引進
日本。全球流通量仍相當少。

**奧地利**

## 阿爾卑斯孕育的小麥啤酒

# Edelweiss

### 雪絨花
Snowfresh

### LABEL
白底加上藍色字體的高雅設計。瓶身的阿爾卑斯山脈和Edelweiss的浮雕也相當有特色。

以薄荷和西洋接骨木等多種產自阿爾卑斯山的藥草，以及源自阿爾卑斯的雪水釀製的小麥啤酒。這款用藥草釀製的新奇啤酒特別推薦給不太喜歡喝啤酒的女性。

香氣
**氣味**●來自酵母的香蕉香氣，及藥草的複雜香氣。
**風味**●藥草散發出的香料味帶來清爽的口感。

外觀
因為酵母而呈現有點混濁的金黃色。有著小麥啤酒應有的細緻泡沫。

酒體
輕。清爽容易入口。柔順的口感，適合作為小酌時的第一杯。

**DATA**

**Edelweiss Snowfresh**
類型：藥草&香料啤酒
（頂層發酵）
原料：麥芽、啤酒花、阿爾卑斯山藥草
內容量：330ml
酒精濃度：5.0%
生產：Kaltenhausen啤酒廠

提起以小麥釀製的白啤酒發源地，就讓人想起南德的巴伐利亞。雖然它的歷史久遠，但在隔壁的奧地利也有生產能與之匹敵的白啤酒的啤酒廠。那就是薩爾斯堡近郊的Kaltenhausen。它的前身是1475年，薩爾斯堡市長和法官設立的啤酒廠，擁有500年以上的歷史。

Edelweiss（雪絨花），是在阿爾卑斯嚴酷環境下仍優雅生長的奧地利國花；德語的「Edel」有高貴的意思，而「Weiss」則是白色，非常適合作為奧地利高雅白啤酒的名稱。

Edelweiss Snowfresh是以當地傳統配方加上阿爾卑斯山藥草釀製的。2006年引進日本開始販售，在啤酒吧十分受歡迎。

**▬** 奧地利

自15世紀持續至今的奧地利老牌啤酒

# Gösser

## 哥瑟

Gösser Pils

**LABEL**

綠色瓶身和酒標是
以大自然孕育而生
為設計概念。強有
力的標誌和主流啤
酒很搭。

使用奧地利屈指可數
的名泉釀製的皮爾森啤
酒。嚴選材料交織出洗
鍊的風味，不論在國內
外都有不少粉絲。

 **氣味**●帶著水果香氣，並
且也能感受到啤酒花豐富
的氣味。

香氣

**風味**●明顯的麥芽香味和
溫和的啤酒花香在舌尖上
曼妙起舞。

明亮美麗的金黃色，上面
是純白的泡沫。

外觀

有一定的香醇感，並且能
享受到皮爾森啤酒才能帶
來的滿足感。

酒體

〈主要酒款〉

· Dark

**DATA**

**Gösser Pils**

類型：皮爾森（底層發酵）
原料：麥芽、啤酒花
內容量：330ml
酒精濃度：5.2%
生產：Gösser啤酒廠

口感

香味　醇厚

苦味　酸味

甜味

---

過去啤酒被當作「液體麵包」，以補
充營養為飲用目的。奧地利的哥瑟啤酒廠
也有在15世紀，由在修女院修行的修女
們釀造啤酒，作為營養補充飲料的紀錄。
19世紀中，修女院的一部分被收購，成
為專業的釀酒設施。這就是哥瑟的起源。

哥瑟啤酒廠最大的特色就是釀造時使
用的水。在酒廠所在地哥瑟湧出的泉水是
奧地利數一數二的名泉，而它就是「哥瑟

皮爾森啤酒」好喝的主因。

強調使用純國產的啤酒花和麥芽。特
別是啤酒花，選擇了也出口比利時等地
的，史泰爾馬克邦產品。

對擁有實力派啤酒廠的奧地利來說，
哥瑟啤酒也是相當特別的。據說二次世界
大戰後的獨立宣言慶祝會上，就是喝這款
啤酒。

🟦 丹麥

在啤酒史上留名的大品牌

# Carlsberg

## 嘉士伯

**LABEL**
王冠是設計的重點。1904年成為丹麥王室御用啤酒，也因此獲准使用王冠標誌。

全世界有許多人飲用，可見此款啤酒味道平衡，接受度高。口感非常清爽，適合在夏天或口渴時飲用。

 **香氣**

**氣味**●香氣較不明顯。只帶點麥芽香。
**風味**●大口喝下後，啤酒花和麥芽的風味才會從鼻腔竄出。

 **外觀**

美麗的金黃色是典型皮爾森啤酒的顏色。泡沫細緻是它的特色。

 **酒體**

輕。極輕盈，清爽的口感是它最迷人之處。

〈主要酒款〉
· Light
· Export

**DATA**

**Carlsberg**
類型：國際皮爾森（底層發酵）
原料：麥芽、啤酒花、香料
內容量：330ml
酒精濃度：5.0%
生產：Carlsberg公司

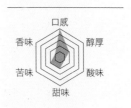

巴斯德的「低溫殺菌法」、林德的「氨氣冷凍機」及漢生的「純種培養」堪稱啤酒的三大發明，而和酵母的純種培養大有關係的，就是丹麥啤酒製造商嘉士伯。

嘉士伯公司是在1847年，由雅各布森所創立。之後為了提升啤酒品質設立了研究所，而漢生博士在此成功地自愛爾、拉格中單獨分離出頂層發酵酵母與底層發酵酵母。

以此劃時代的發現為基礎加上創業者父子的分工合作，積極進軍海外市場及併購的結果，不僅讓嘉士伯成為大型酒業集團，也讓嘉士伯的皮爾森啤酒可以在全世界超過150個國家喝到。

在日本由Suntory生產及販售，讓它雖是外國啤酒卻隨手可得。

兼顧了容易入喉和個性兩種特色的高品質，讓它擁有許多死忠粉絲。

讓全世界的啤酒狂熱分子躍躍欲試

# Mikkeller

## 米凱樂

Black Hole Imperial Stout

**LABEL**
完全沒有多餘的說明。以黑洞圖案來表示啤酒的極高密度與力量。

確立米凱樂的高人氣，值得紀念的一瓶。在這個基本款之外，還有在各種酒桶熟成的橡木桶熟成（BA）系列。

**香氣**
氣味●烘烤香氣之中，參雜了各種副原料的複雜甜香。
風味●黑巧克力香和烘烤咖啡，以及黑櫻桃的香味。另外也能感受到啤酒花的風味。

**外觀**
完美的黑色。泡沫並不多。

**酒體**
飽滿。餘味極長，在舌上留下獨特的苦和甜。

〈主要酒款〉
· Black Hole Barrel Aged Edition Red Wine
· 1000IBU
· Sort Gul Black IPA

〔DATA〕

**Black Hole Imperial Stout**
類型：帝國司陶特（頂層發酵）
原料：麥芽、燕麥、咖啡豆、蜂蜜、香草莢、啤酒花、紅糖
內容量：375ml
酒精濃度：13.1%
生產：Mikkeller啤酒廠

口感
香味　醇厚
苦味　酸味
甜味

　　位於丹麥哥本哈根的米凱樂，是現在最受全世界啤酒狂熱分子注意的啤酒品牌之一。

　　衝勁十足，不斷創新突破既有的啤酒類型概念，在啤酒界掀起革命的米凱樂，是由兩位自釀啤酒玩家，Mikkel Bjergsø和 Christian Keller，於2006年所創立。由於他們並沒有自己的釀酒設備，故自命

為「幻影釀酒師」。以敏銳的感覺設計配方，委託位在丹麥、北歐、美國等地的微型啤酒廠釀造。

　　使用高級咖啡的啤酒，以及「Black IPA」、「1000IBU」等啤酒，這些自由創作的啤酒廣受啤酒迷的關注。

　　像是酒標上的插圖會因為溫度而變化等，有趣的酒標設計也深具魅力。

■ 荷蘭

■ 荷蘭

荷蘭唯一的嚴規熙篤會啤酒廠

# La Trappe

## 塔伯特

Blond

**香氣**
**氣味** ●烘烤麥芽的香味和果香。

**風味** ●能感受到些微麥芽香之後，跟著而來的是清爽的苦味和酸味。

**外觀** 雖名為Blond但顏色卻接近橘色。泡沫很紮實。

**酒體** 輕～中等。雖然有醇厚感卻很爽口，容易入喉。

### LABEL
大大的「B」。如果是「Dubbel」的話就放上「D」，字母和顏色隨著名稱而變化。

雖然清爽，但能感受到甜、苦、酸等有深度的味道。推薦給不喜歡酒體較重的修道院啤酒的人。容易入喉，讓人想要繼續喝下去。

〈主要酒款〉
· Dubbel
· Tripel
· Quadrupel

**DATA**

**La Trappe Blond**
類型：嚴規熙篤會啤酒（頂層發酵）
原料：麥芽、啤酒花、糖類、酵母
內容量：330ml
酒精濃度：6.5%
生產：La Trappe啤酒廠

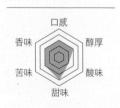

口感
香味　醇厚
苦味　酸味
甜味

很多人都以為，嚴規熙篤會啤酒全都是在比利時誕生的。但其實在荷蘭也有，那就是塔伯特啤酒廠。這間啤酒廠位於荷蘭與比利時的交界處，靠近亞和修道院，非常接近比利時。

在極具品牌吸引力的嚴規熙篤會啤酒當中，塔伯特不光只是所在位置較為特殊。在19世紀後半，開始釀酒的初期，

也不是將重心放在愛爾，而是沒有競爭對手的拉格。近年，也曾因將生產工作委託給巴伐利亞酒廠，而將「嚴規熙篤會」的商標取下。

現在為了跟比利時其他嚴規熙篤會啤酒並駕齊驅，推出將酒精濃度提高，酒體飽滿的「四倍啤酒」。在美國以修道院名Koningshoeven（國王的花園）販售。

■荷蘭

誕生於荷蘭的綠色瓶身

# Heineken

海尼根

**LABEL**
商品名的三個
「e」向左傾
斜，就像是一張
笑臉，所以又稱
「微笑e」。

全世界都找得到，沒有風
味癖性的拉格。但又以獨
特的苦味和風味為特色。
全都拜海尼根公司的武器
「海尼根A酵母」所賜。

香氣
**氣味●**雖然並不強烈，但
來自麥芽的甜香還是會竄
入鼻腔。
**風味●**啤酒花的苦和麥芽
的甜，也能感受到些許的
酸。

外觀
清澈的金黃色。綿密的泡
沫覆於其上。

酒體
輕～中等。雖然給人暢快
順口的印象，但其實也是
頗具風味。

〈主要酒款〉
· Dark

DATA

**Heineken**
類型：國際皮爾森（底層發酵）
原料：麥芽、啤酒花
內容量：330ml
酒精濃度：5.0%
生產：Heineken Kirin

海尼根是世界第三大啤酒製造商，排
名於比利時的安海斯－布希英博集團，以
及英國的南非米勒之後。創辦人Gerard
Adriaan Heineken在1864年買下當時荷
蘭最大的啤酒廠，開啟了海尼根的歷史。

Gerard察覺到潮流逐漸由頂層發酵轉
向底層發酵，於是聘請德國釀酒師，開始
研究製造底層發酵啤酒。在那之後，因為
使用了目前仍在使用的原創酵母釀製出

獨特的風味，而使它跟其他公司產生了
差異性。直到現在仍擁有高知名度，經營
公司至本世紀初的第三代Alfred Freddy
Henry Heineken更擴大了公司規模。他
積極從事廣告行銷，並且積極贊助運動和
音樂活動。

海尼根目前大約在100個國家都設有啤
酒廠，而每間工廠都設有品管部門，以嚴
格的管理制度為人所知。

王室也認可的夾扣式瓶蓋

# Grolsch
## 葛蘭斯
### Premium Lager Swing Top

## LABEL
由於酒標小又簡單，外觀特徵的夾扣式瓶蓋顯得格外醒目。

跟日本的頂級啤酒味道相似，所以也很受歡迎。果香和高雅的苦味讓人著迷。雖然是皮爾森，但是能夠慢慢品嘗，屬於大人的啤酒。

 **氣味**●打開夾扣式瓶蓋的時候，可以聞到來自啤酒花的果香。

**風味**●剛入口和快要喝完時會覺得苦，而且也有葡萄乾的風味。

香氣

 稍深的金黃色。泡沫的持久性很高。

外觀

 輕～中等。能夠感受到紮實的風味，滿足感很高。

酒體

### DATA

**Grolsch Premium Lager Swing Top**

類型：國際皮爾森（底層發酵）
原料：麥芽、啤酒花
內容量：450ml
酒精濃度：5.0%
生產：Grolsch公司

以金屬固定的復古酒栓「夾扣式瓶蓋」，現在只有少數啤酒廠使用，也因為這樣的復古風格而有不少死忠粉絲。而以「夾扣式瓶蓋」為標誌的葛蘭斯，是荷蘭大大小小啤酒廠當中最古老的，創業於1615年。

在日本，此款「頂級拉格」相對容易買到，而在荷蘭當地則有其他許多酒款，

可喝到小麥啤酒、勃克等各種類型。國內銷售的酒瓶顏色為棕色，而出口的則是綠色，現在全世界有許多國家都能買到綠色瓶身的。

葛蘭斯的特色是結合創業以來一脈相傳的工藝與先進設備，醞釀出高超的釀酒技術。不只在世界性啤酒大賽連續得獎，更獲得了荷蘭王室的御用稱號。

## 義大利

認明留著鬍鬚的老紳士

# Moretti

## 莫雷蒂

Moretti Beer

**LABEL**
以老紳士肖像作
為品牌識別。帥
氣的西裝打扮很
有義大利風味。

適合任何一種菜色的拉
格啤酒。氣泡感較強，
但能品嘗到暢快的口
感。沒有雜味，簡單高
雅的味道，讓喜歡啤酒
的人愛不釋手。

 **氣味**●鼻子靠近玻璃杯就
香氣　會聞到啤酒花散發出淡淡
的柑橘類香氣。
**風味**●能感受到玉米的風
味。麥芽甜香也很明顯。

 淺金黃色。跟純白泡沫的
外觀　對比十分美麗。

 輕。風味不強，口感爽
酒體　冽，讓人想大口的喝。

**DATA**

**Moretti Beer**
類型：國際皮國爾森（底層發酵）
原料：麥芽、啤酒花、玉米
內容量：330ml
酒精濃度：4.6%
生產：海尼根　義大利

　　美食的王國義大利，因為氣候溫暖適合種植葡萄，所以提起酒就會想到葡萄酒。但現在微型啤酒廠的數量快速增加，以義大利人獨特品味釀製的啤酒也陸續引進日本。

　　因留著鬍鬚的紳士商標而給人親切感的「莫雷蒂」，是義大利啤酒的代表，日本也容易買到。

　　在釀製啤酒的歷史比日本稍長的義大利，莫雷蒂是歷史最悠久的老店。此款啤酒是1859年，在義大利與盛行釀製啤酒的奧地利交接處的佛里烏利誕生的。如今已經成長為能代表義大利的製造商，產品出口到世界40多個國家。

　　在前途看好的義大利啤酒業界之中，莫雷蒂最先在World Beer Cup及國際品評會上獲得高度評價，是走在義大利啤酒先端的國際品牌。

■ 俄羅斯

俄羅斯最大的新銳啤酒廠

# Baltika

## 波羅的海

No.9

**LABEL**
每一款啤酒的中間
數字和設計、顏色
都不同。

在固定酒款當中，此
款啤酒的酒精濃度最
高。使用以自然發酵
為基礎，自力開發的
製法釀製，是可以喝
到餘韻的一款啤酒。

**香氣** **氣味**●混合了蜂蜜、白胡
椒、麵包等多樣、複雜的
香氣。

**風味**●能感受到麥芽的甜
味，並留下麵包般的風味
餘韻。

**外觀** 乍看之下與一般皮爾森啤
酒無異的淺金黃色，與有
個性的風味不同。

**酒體** 中等，口感滑順。

〈主要酒款〉
· Baltika No.3

**DATA**

**Baltika No.9**
類型：烈性拉格（底層發酵）
原料：麥芽、啤酒花
內容量：500ml
酒精濃度：8.0%
生產：Baltika公司

對屬於寒冷地區的俄羅斯來說，用來暖和身體的酒就是伏特加。但自蘇聯解體後，啤酒銷量激增，現在啤酒市場規模僅次於中國和美國，是世界第三位。

過去啤酒在俄國國內並不歸類為「酒類」而是「食品」，2011年才被歸類為「酒類」。在如此特殊背景下，設立於聖彼得堡的Baltika在俄國擁有最大的市場佔有率，並積極朝國外拓展市場。它創立

於1990年，蘇聯解體的前一年，雖然相當年輕，但在2009年獲得世界食品品質評鑑大賞的金牌獎，評價頗高。

最大的特色是用號碼作為商品名，從無酒精的No.0到No.9，目前釀造的共有8種（No.1和No.5停產）。其中包括多特蒙德啤酒（Dortmunder）、波特啤酒、小麥啤酒等多樣化酒款，但多數酒款在日本並不多見。

# 依季節不同
# 享受全世界的啤酒

啤酒只能夏天喝？
才不是呢！顏色、味道、香氣，以及酒
精濃度等個性豐富的啤酒，不論是春夏
秋冬哪個季節，都能找出適合的產品。

## 春
### SPring

在還有些許涼意的初春，酒精濃度6.0～7.0%的勃克（德國）能讓身體變暖和。在櫻花盛開的季節，可以選擇像是櫻桃酸釀啤酒、覆盆子酸釀啤酒、法蘭德斯紅愛爾（皆為比利時產）等，帶點紅色以及酸味的啤酒，讓和煦的春日更為精彩。鮮明的苦味以及散發出嫩草香氣的IPA（英國、美國）最適合跟山菜、竹筍、油菜花等春天食材一起享用。

## 夏
### Summer

解渴的淡拉格固然已成慣例，但小麥啤酒（德國、比利時等）也是不錯的選擇。調和酸釀啤酒（比利時）等酸味較明顯的啤酒也能夠消除夏天疲勞，促進食慾。比利時小麥白啤酒的香料味也頗具魅力，而啤酒花帶著柑橘香味的美式淺色愛爾也很適合夏天飲用。

**秋**
**Autumn**

　　在仍有暑意的初秋，建議可以喝帶著香蕉、丁香以及巧克力香味的深色小麥啤酒（德國）。入秋後，不妨想像自己是個英國紳士，選擇能感受到堅果風味的英式棕色愛爾，或是讓人想起大吉嶺紅茶的英式淺色愛爾（皆為英國產）。偶爾在秋天的長夜裡品嘗一下吧。

**冬**
**Winter**

　　在寒冷的冬天，喝能讓身體變暖和的高酒精度啤酒最棒了。推薦比利時雙倍啤酒（比利時）或大麥酒、帝國司陶特啤酒（皆為英國產）等。將有著明顯麥芽風味的啤酒，或櫻桃啤酒作成熱啤酒品嘗，即使冬天也能享受喝啤酒的樂趣。耶誕節時，有些啤酒製造商會推出加入香料的季節啤酒。請務必嘗試看看。

# 美國
## 墨西哥

🇺🇸 THE UNITED STATES OF AMERICA
🇲🇽 MEXICO

美國分布圖

在大型啤酒廠生產的美式拉格之外，
也有許多小型酒廠生產的精釀啤酒，
頗有人氣。

大型酒廠大量生產的「百威」、「酷爾斯」、「美樂」等大家非常熟悉的啤酒，都是屬於美式拉格。是能夠解渴、相當順口、苦味比較不明顯，且輕盈的拉格啤酒。

在這樣的背景下，自「Anchor Steam Beer」開始發展的精釀啤酒，因與大型酒廠產品不同，個性多樣，而開始受歡迎。現在國內約有2000間以上的微型啤酒廠。尤其是在西岸，不少微型啤酒廠正快速成長，它們大量使用美國產的啤酒花，釀製出大家相當熟悉的淺色愛爾、

IPA等充滿啤酒花風味，被稱為西岸風格的啤酒。

在美國，一般人喝啤酒是為了解渴或配餐，他們會到超市一次購買大量的瓶裝或罐裝啤酒，其中大部分是大型啤酒廠生產的拉格啤酒。至於頗具個性的精釀啤酒，通常是居住在酒廠附近的人才有機會享用。微型啤酒廠附設的餐廳也很多，營業的地方以休閒渡假村和市中心為主。另外，西海岸和大都市能夠品嘗到精釀啤酒的酒吧和餐廳也逐漸增加。跟有機食物一樣，講究啤酒的美國人正逐年增加。

## 美國
### U.S.A.

除了大型酒廠生產的輕盈拉格啤酒受到歡迎外，小規模啤酒廠生產的精釀啤酒也在各地誕生，以大量使用啤酒花的IPA為首，個性豐富的啤酒也相當受歡迎。

United States of America

xico

## 墨西哥
### MEXICO

雖然生產口感紮實啤酒的Modelo公司十分有名，以暢銷全世界的可樂娜啤酒為代表，苦味較輕，容易入口的淡拉格生產量也相當大。

## 夏威夷
### HAWAII

以Kona Brewing及創業於100年前，近年復業的Primo Beer為首，以具熱帶風情，芬芳而容易入口的啤酒為主。最近精釀啤酒也有增加的趨勢。

# STYLE
## 美國主要的啤酒類型

### 愛爾（頂層發酵）
ALE

### 美式淺色愛爾

將發源於英國的淺色愛爾，以具柑橘類香味的美國產啤酒花來釀造。

### 美式IPA（印度淺色愛爾）

將發源於英國的IPA，以具柑橘類香味的美國產啤酒花來釀造。

### 帝國IPA

增加了美式IPA的苦和啤酒花的香氣而成，酒精濃度也比較高。

### 拉格（底層發酵）
LAGER

### 美式拉格

口感清爽為其特色的淺色拉格。包括了酒精濃度低的「淡拉格」，及深色系的「琥珀拉格」等。

### 加州大眾啤酒

在淘金熱時期，誕生於加州的啤酒類型。因以底層發酵母在高溫發酵，口味單純且高雅。也稱為蒸氣啤酒（Steam Beer）。

**COLUMN**

### 發源國不明的啤酒類型

啤酒類型中也有一些是「發源國不明」的。譬如藥草/香料啤酒。啤酒本來就可能會使用各種香料或藥草，而啤酒花也是其中之一。中世紀以後，啤酒花成為必需品，其他藥草雖不再使用，但現在，藥草/香料啤酒又再度使用各種輔料，使其發源國成為「不明」的狀態。情況相同的，還有過去所有啤酒都在木桶熟成而產生的桶陳啤酒。

這種復刻啤酒大多是美國精釀啤酒廠商的自我挑戰。所以或許可以認為它們的「發源國是美國」。

美式精釀啤酒的先驅

# Anchor Brewing

## 鐵錨啤酒廠

Anchor Steam Beer

**LABEL**

以插畫方式呈現啤酒廠命名由來的鐵錨，以及麥芽和啤酒花。瓶肩滿滿寫著對蒸氣啤酒的堅持。

將拉格酵母以愛爾的發酵方式來發酵的混合啤酒，不但有拉格的口感和香醇，也有愛爾的果香。

香氣 **氣味**●蜂蜜般的甜香和果香。
**風味**●些微的烘焙香氣和苦味，以及水果般的香醇風味。

外觀 淺銅色。帶點奶油色的細緻泡沫。

酒體 中等。可感受到爽冽的口感，最後留下麥芽香醇和帶有烘焙香氣的苦味。

〈主要酒款〉
· Anchor Liberty Ale
· Anchor Porter

**DATA**

**Anchor Steam Beer**
類型：加州大眾啤酒（底層發酵）
原料：麥芽、啤酒花
內容量：355ml
酒精濃度：4.9%
生產：Anchor Brewing Co.

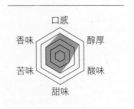

口感
醇厚
酸味
甜味
苦味
香味

在淘金熱時期，前鐵錨公司以舊金山勞工為銷售對象的產品，將原本在低溫發酵的拉格酵母，以常溫發酵的特殊方式釀製。熟成時間短，氣體沒有完全溶解在啤酒中，因此在開瓶時會發出如蒸氣機噴出蒸氣的聲音。所以才有蒸氣啤酒的名稱。

經過了禁酒令時代，就在快要倒閉時，弗利次·梅塔格（Fritz Maytag）買下了鐵錨公司，自1965年梅塔格接手後，鐵錨公司重振旗鼓，最後發展成為能與當時正值全盛時期的大型酒廠競爭的世界性啤酒品牌。而此款啤酒也是微型啤酒廠在美國開始流行的契機。

帶著強烈啤酒花香氣的鐵錨牌自由啤酒，以及口感飽滿綿密的波特也是人氣商品。另外，自1970年代起每年發行的聖誕愛爾，年年都有熱情粉絲忙於收購。

大方使用啤酒花釀製的西岸代表性IPA

# Green Flash Brewing

## 綠光啤酒廠
West Coast IPA

**LABEL**
在紫色商標上以插畫方式呈現象徵酒廠名稱「Green Flash」（夕陽西下瞬間所產生的綠光）。

讓人想起柳橙的多汁、鳳梨的甜香，苦味則像和風般通過喉嚨，是十分受歡迎的IPA。

香氣 氣味●柳橙的甜，以及啤酒花鮮明的柑橘系香氣。
風味●焦糖麥芽的甜香，柳橙皮的苦味與香氣，讓人想起泰國菜的香料味。

外觀 透明且帶點橘的褐色。帶點褐色的細密泡沫。

酒體 中等。從麥芽的甜開始，接著是輕盈的果香，最後留下讓人覺得舒服的苦。

〈主要酒款〉
· Hop Head Red Red IPA
· Double Stout
· Le Freak Belgium IPA

〈 DATA 〉

**West Coast IPA**
類型：美式IPA（頂層發酵）
原料：麥芽、啤酒花
內容量：355ml
酒精濃度：7.3%
生產：Green Flash Brewing

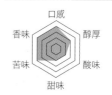

　　2009年，全世界的Simcoe啤酒花（散發出柑橘系香味的美國產啤酒花）的購買量，Green Flash啤酒廠居世界第一位。將大量使用美國產Cascade 啤酒花，能夠品嘗到柑橘類的清香以及苦味的美式IPA（印度淺色愛爾）拓展至全世界的，應該就是這一款啤酒了。它不只代表西岸，現在也是美國精釀啤酒的代表性酒款。

　　酒標上的Green Flash，就是當夕陽沉落到水平線的瞬間，會產生的綠色閃光，據說見到這個景象就會變得幸福。

　　在許多IPA比賽中獲獎的實力派，重視原料、鮮度，並且講求小批生產的絕品。這間充滿朝氣與魅力的啤酒廠，由麗莎和麥克夫妻在2002年開始經營。

被形容為啤酒花怪獸的Stone風苦味讓人印象深刻

# Stone Brewing

## 石頭啤酒廠
### Ruination IPA

**香氣**
氣味●柑橘的香，以及草坪的草香。
風味●紮實的啤酒花苦，以及麥芽的甜香。

**外觀**
帶點橘的金黃色，酒體透明，泡沫細緻。

**酒體**
中等。苦味和風味平衡。

〈主要酒款〉
・Pale Ale
・Smoked Porter
・IPA

DATA

**Ruination IPA**
類型：帝國IPA（頂層發酵）
原料：麥芽、啤酒花
內容量：355ml
酒精濃度：7.7%
生產：Stone Brewing

**LABEL**
直接將石像鬼圖樣印刷在瓶身的酒標設計非常高雅。瓶身上標註著「為了讚美啤酒花而誕生的液體之詩」。

經常榮登啤酒排行前幾名的酒廠招牌IPA。

　現位於加州聖地牙哥的Stone啤酒廠，是1996年誕生於德州的，在急速成長之下，目前已是西岸赫赫有名的啤酒廠。這家啤酒廠是由喜歡走訪各酒廠，品鑑各種啤酒的兩位啤酒愛好者，釀酒師史蒂夫以及現任執行長葛瑞格所創立的，兩人的經驗和對啤酒的熱忱，使酒廠很快廣受歡迎。Stone（石頭）象徵了普遍性，而石像鬼是消災除厄的守護神，所以將它作為註冊商標。

　此款啤酒是將既有的Stone IPA改良後，變成應該稱為雙重IPA的啤酒，啤酒花帶來的刺激更加強烈，因此才以有「破壞」意思的Ruination來命名。散發著新鮮的柑橘和草本香，含在嘴裡可以感受到清爽的啤酒花香味以及麥芽甜，而在最後殘留的強烈苦味和酒精感，不禁令人聯想到「破壞」，是款強而有力的啤酒。

美國

能感受到滿滿夏威夷風情的啤酒

# Kona Brewing

Fire Rock Pale Ale

## LABEL
在有南方風情的夏威夷美景插畫上有壁虎的商標,充滿熱帶島嶼的氣氛。

麥芽甜和有著柑橘果香的柔和啤酒花苦味,夏威夷風格的淺色愛爾。

香氣

氣味●柑橘和麝香葡萄的香氣,及淡淡的焦糖香。
風味●溫和的啤酒花苦,以及烘烤過的麥芽香。

外觀

帶點紅的銅色,以及綿密的泡沫。

酒體

中等。除了留有甜味外,還帶有平衡良好的苦味。

〈主要酒款〉
· Big Wave
· Golden Ale
· Longboard Lager

╭─ DATA ─╮

**Fire Rock Pale Ale**
類型:美式淺色愛爾(頂層發酵)
原料:麥芽、啤酒花
內容量:355ml
酒精濃度:6.0%
生產:Kona Brewing Co.

口感
香味　醇厚
苦味　酸味
甜味

位於咖啡產地的夏威夷柯納。夏威夷第一的精釀啤酒製造商。自1994年起開始生產符合酒標印象,具夏威夷風格且溫和的淺色愛爾等啤酒。使用在品牌商標上的壁虎,通稱為Gekko,在夏威夷是能夠招喚幸運的動物。酒廠內也附設有酒吧,現在已經是柯納地區的觀光聖地了。

Fire Rock Pale Ale是在啤酒廠開始營運的隔年,也就是1995年開始生產的招牌商品。散發出葡萄柚香氣的啤酒花,再加上麝香葡萄的果香,以及麥芽甜香,是很能代表夏威夷溫暖氣候及人情的一款啤酒。

# 放在威士忌酒桶長時間熟成，酒體飽滿的啤酒

# Epic Brewing

## 史詩啤酒廠
### Smoke & Oak

**LABEL**
在以沉靜的藍灰色設計的商標上，畫有啤酒花的圖樣。

使用比利時產的酵母，在橡木桶經過6個月的熟成。有如波本威士忌般帶有煙燻以及甜香的烈性啤酒。

**香氣**
氣味●煙燻，水果乾般的香氣。
風味●成熟水果的果香，及波本和焦糖般的香氣。

**外觀**
帶點紅的琥珀色。沒有太多泡沫。

**酒體**
飽滿。明顯的甜及似有若無的香料味。留下微微的苦及富深度的水果餘味。

〈主要酒款〉
· Spiral Jetty IPA
· 帝國IPA

**DATA**

**Smoke & Oak**
類型：比利時烈性愛爾─桶陳啤酒
（頂層發酵）
原料：麥芽、啤酒花
內容量：650ml
酒精濃度：9.5%
生產：Epic Brewing Company

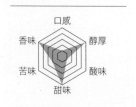

誕生於鹽湖城的史詩啤酒廠，以招牌的「Exponential」系列為首，生產了許多種類的啤酒，並且在啤酒品評會獲獎無數，為新銳啤酒廠之一。

史詩酒廠自信作品「Exponential」系列中的「Smoke & Oak」，是能夠品嘗到醇厚風味的特別啤酒。以櫻桃木煙燻的焦糖麥芽，製造出與威士忌相同的泥煤風味。使用比利時酵母釀造，並在陳放過威士忌的橡木桶熟成6個月，釀製出深沉複雜，又有著溫醇風味和香氣的啤酒。

113

美國

有格調的風味，屬於大人的美式拉格

# Boston Beer

## 波士頓啤酒廠

Samuel Adams Boston Lager

**LABEL**
沉靜的藍色酒標上，
畫著偉人「Samuel
Adams」的畫像。

風味紮實有格
調，口感溫順
的拉格啤酒。

**香氣** **氣味**●帶有花朵和柑橘般的香氣，最後留下鳳梨般的香氣。
**風味**●焦糖麥芽的溫和甜香。

**外觀** 深琥珀色，柔軟的泡沫。

**酒體** 中等。細緻的氣泡感和些許的甜，而高雅的苦味讓啤酒容易入喉。

**DATA**

**Samuel Adams Boston Lager**
類型：琥珀拉格（底層發酵）
原料：麥芽、啤酒花
內容量：355ml
酒精濃度：4.8%
生產：Boston Beer Company

口感
香味　　醇厚
苦味　　酸味
甜味

　「Samuel Adams」是美國第二任總統的弟弟，曾經參加獨立戰爭和波士頓傾茶事件。因為同樣也是釀酒師，所以吉姆‧柯克在1984年創立啤酒廠時，便以Samuel Adams當作招牌酒款名稱。吉姆從暫時歇業的釀酒師父親那裡，得到了在1870年代釀製的啤酒配方，而這就是Boston Lager。和在美國成為主流的淡拉格風味有些許不同，相當受歡迎，並且得到「美國人最想喝的啤酒」的地位。

　使用嚴選啤酒花和二稜大麥麥芽、泉水釀製，並經長時間熟成。這款啤酒有著如愛爾啤酒般的圓潤口感，富果香、麥芽甜美及啤酒花苦韻。是一款優質拉格啤酒。

擁有典型美國IPA風味和香氣的日常啤酒

# Lagunitas Brewing

Lagunitas IPA

**LABEL**
在白底上，以模板般的字體寫出大大的IPA文字。讓人印象深刻。

西岸的IPA代表，風味平衡，容易入口的啤酒。清爽的味道就像加州的微風。

香氣　氣味●帶柑橘、葡萄柚、松樹和烤麵包般的麥芽香。
風味●清爽的啤酒花柑橘香氣與柳橙般的甜味。

外觀　帶點橘的紅銅色，酒體透明，泡沫細緻。

酒體　輕。明顯的柑橘系啤酒花香和苦味，和麥芽烘焙香氣取得調和。

〈主要酒款〉
· Dogtown Pale Ale
· MAXIMUS IPA

**DATA**

**Lagunitas IPA**
類型：美式IPA（頂層發酵）
原料：麥芽、啤酒花
內容量：355ml
酒精濃度：6.2%
生產：Lagunitas Brewing Company

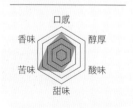

　　位於舊金山北方，鄰近以葡萄酒聞名的納帕山谷的 Lagunitas 啤酒廠，是在1993 年至1994 年，由來自芝加哥和曼菲斯的啤酒愛好者們所成立的。現在和南方的 Stone啤酒廠一樣是加州代表性的精釀啤酒製造商。公司商標是一隻可愛的狗狗。

　　想要一掃過去對美式拉格印象而誕生的Lagunitas IPA，是追求IPA獨特的紮實啤酒花苦味，以及麥芽甜美的招牌啤酒。因為風味平衡絕佳而受歡迎的這款啤酒，有讓人想起松脂的麥芽香，清爽的葡萄柚香和苦味在嘴中散開。順口，乾爽的口感，適合跟健康的加州料理一起享用。

堪稱藝術，啤酒花用量達到極限的終極之作

# Southern Tier Brewing

## 南部酒廠

Unearthly Imperial IPA

**氣味**●啤酒花散發出柑橘系和桃子般的清爽香氣，以及豐滿的麥芽甜香。

香氣

**風味**●爽冽且飽滿的啤酒花香和苦味，讓人想到焦糖的麥芽烘烤甜香，以及清爽的小麥香味。

**LABEL**

以剪影方式呈現麥芽、啤酒花和攪拌槳，直接將嫩綠色酒標印在瓶身。

鮮明的啤酒花香，與焦糖麥芽的甜，高濃度酒精感表現平衡，是讓人有「此酒只應天上有」感覺的神奇啤酒。

偏紅的深銅色。帶著些許紅的豐滿泡沫。

外觀

中等。有著紮實的麥芽甜，以及刺激的啤酒花苦味，十分的順口。

酒體

〈主要酒款〉

· IPA
· 2XIPA

DATA

**Unearthly Imperial IPA**

類型：帝國IPA（頂層發酵）
原料：麥芽、小麥、啤酒花
內容量：650ml
酒精濃度：9.5%
生產：Southern Tier Brewing

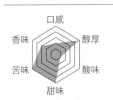

　　創業於2002年，生產量大，而且具備將嶄新啤酒行銷到全世界的挑戰精神的啤酒廠。一年的生產量在五萬桶以上，而且逐年增加。2011年底，啤酒廠購買了最新設備並擴大規模，出口至世界各地的積極心態可見一斑。

　　在酒廠裡，Unearthly Imperial IPA是以使用最多啤酒花，酒精濃度最高自豪，

風味平衡佳，完成度極高的代表作。

　　Unearthly是「此酒只應天上有」的意思，以前所未見的啤酒為目標而創造的。由兩種麥芽和四種啤酒花釀製而成，可以感受到麥芽甜和松脂般香氣的衝擊性產品。啤酒花的苦和辛香，以及淡淡的麥芽甜，充滿品味，可以體會到啤酒廠所謂「藝術性」表現的理由所在。

## 有清爽柳橙香氣的在地啤酒
# Coronado Brewing
### 科羅納多啤酒廠
Orange Avenue Wit

## 想要邊聽斯卡音樂邊品嘗的摩登愛爾
# SKA Brewing
### 斯卡啤酒廠
Modus Hoperandi IPA

〈主要酒款〉
· Mermaid's Red Ale
· Islander IPA
· Idiot Double IPA

**LABEL**
在黑色瓶身印上以橘色和白色描繪的美人魚插圖。

〈主要酒款〉
· Special ESB
· True Blonde Ale
· Steel Toe Stout

**LABEL**
摩登黑幫風格，獨具個性的設計。

 **香氣** 氣味●香甜富果香的麥芽感以及柳橙皮般的香氣。
**風味**●溫和的芫荽子、蜂蜜香味，以及柑橘類的苦感。

**外觀** 透明的金黃色。綿密的泡沫。

**酒體** 輕。口感柔和，小麥的甜和舒適的苦味，餘韻乾淨。

〈DATA〉
**Orange Avenue Wit**
類型：加州白啤酒（頂層發酵）
原料：小麥、啤酒花、芫荽子、柳橙皮
內容量：355ml
酒精濃度：5.2%
生產：Coronado Brewing Company

 **香氣** 氣味●強烈的柑橘系啤酒花香，及淡淡甜香。
**風味**●啤酒花的酸甜柑橘系香氣，餘味則是清爽的苦味。

**外觀** 帶點紅的銅色。有著淺橘色的泡沫。

 **酒體** 中等。葡萄柚般的苦感和鳳梨般的甜。

〈DATA〉
**Modus Hoperandi IPA**
類型：美式IPA（頂層發酵）
原料：麥芽、啤酒花
內容量：355ml
酒精濃度：6.8%
生產：SKA Brewing Company

　位於加州聖地牙哥，附設餐廳的在地啤酒。以酒廠所在取名Orange Avenue（柳橙路）的這款招牌啤酒，使用了加州當地生產的柳橙皮、柳橙蜜釀出清爽風味。很有加州的輕快風格。

　於1995年創業於科羅拉多州的啤酒廠，實現了戴夫和比爾年輕時的夢想。將兩個人都很喜歡的斯卡音樂和啤酒做一結合，呈現不同的風味。和摩登的酒標形象不同，是一款苦中帶甜的IPA。

## 從瓶身設計想像不到的水果風味
# Rogue Ales
## 羅格愛爾
Deadguy Ale

〈主要酒款〉
· Choco Bear Beer Bitter
· Juniper Pale Ale

### LABEL
骷髏坐在木桶上的奇妙插圖，而其周圍的彩虹色也很吸晴。

氣味●焦糖般的甜香。
風味●烘焙香氣和麥芽的甜香，果味和圓融的苦味。

帶橘的銅色。

中等。麥芽的風味相當豐富，口感好，餘味很調和。

**DATA**
**Deadguy Ale**
類型：春季勃克（頂層發酵）
原料：麥芽、啤酒花
內容量：355ml
酒精濃度：6.5%
生產：Rogue啤酒廠

　這款啤酒是為了慶祝1990年，在波特蘭的「Casa U Betcha」舉辦的馬雅曆死者日（11月1日萬聖節）所釀製的。啤酒廠使用獨家培養的Pacman酵母菌（頂層發酵酵母），依德國春季勃克類型釀製。

## 香氣芬芳的高雅皮爾森啤酒
# Victory Brewing
## 勝利啤酒廠
Prima Pils

〈主要酒款〉
· Golden Monkey
· Hop Devil IPA

### LABEL
清新的綠色瓶身設計，搭配啤酒花的插圖。強調啤酒花的設計。

氣味●檸檬皮和淡淡的辛香味。
風味●紮實的啤酒花香和苦味。

透明的金黃色。

輕。留下明顯的啤酒花苦味。

**DATA**
**Prima Pils**
類型：皮爾森啤酒（底層發酵）
原料：麥芽、啤酒花
內容量：355ml
酒精濃度：5.3%
生產：Victory Brewing Company

　Victory Brewing Co.生產許多命名通俗、酒標色彩繽紛的啤酒。這款皮爾森啤酒雖然輕盈，但講究啤酒花的香味和苦味。清爽又高雅的風味，在啤酒評價網站Ratebeer得到95的高分，可說是皮爾森啤酒的代表酒款。

# 能與柳橙一起品嘗的新奇啤酒
# Blue Moon Brewing
## 藍月啤酒廠
Blue Moon

## LABEL
以藍色描繪浮現在森林之上的一輪明月，充滿幻想色彩。

香氣 氣味●類似柑橘的香味，以及稍帶辛香的麥芽感。

風味●橘皮般的微苦，及淡淡的小麥甜和香料辛香。

外觀 帶點橘的褐色，而且混濁。

酒體 中等。如奶油般綿密的口感，餘味是柳橙和芫荽味。

**DATA**
**Blue Moon**
類型：白愛爾
（頂層發酵）
原料：麥芽、啤酒花、小麥、燕麥、芫荽子、柳橙皮
內容量：355ml
酒精濃度：5.4%
生產：Molson Coors Brewing Company

不受傳統比利時啤酒配方限制，而釀製出的白啤酒。使用美國產的瓦倫西亞柳橙皮、燕麥和小麥釀製，口感綿密，風格明亮。建議和柳橙切片一起享用。

# 清爽美式拉格的第一品牌
# Anheuser-Busch
## 安海斯－布希
Budweiser

## LABEL
百威的識別色，紅、白、藍當中特別強調紅色，中間是大大的蝴蝶領結。

香氣 氣味●啤酒花散發出些許的檸檬香。

風味●沒有山毛櫸木，而是讓人聯想到熱帶水果的甜香。

外觀 淺金黃色。冒著綿密的泡沫.

酒體 輕。沒太多苦味，清爽的風味。清爽順口。

**DATA**
**Budweiser**
類型：國際皮爾森
（底層發酵）
原料：麥芽、啤酒花、米
內容量：350ml
酒精濃度：5.0%
生產：Anheuser-Busch InBev集團

現已是大企業的安海斯－布希啤酒英博集團。1876年，誕生於密蘇里州聖路易，是美國最早以人工冷卻技術釀製拉格啤酒的製造商。「百威」是美國拉格的代表品牌。在第二次發酵時使用山毛櫸木熟成的啤酒，散發出淡淡的甜。

搭配萊姆直接對嘴喝最正統

# Cerveceria Modelo, S. de R. L. de C.V.

## 莫德羅啤酒公司

Corona Extra

**LABEL**
熟悉的兩種顏色。標籤的字體是古體字，給人復古的印象。

在80年代以後，日本也開始放入萊姆飲用。跟墨西哥菜等辛辣食物一起享用最棒了。很適合夏天和海灘的啤酒。

 **香氣**
氣味●一般喝啤酒是不會加萊姆的，但這款啤酒加了萊姆會產生獨特香氣。
風味●散發出副原料的玉米香味，沒有其他雜味。

 **外觀**
淺金黃色。特色是沒有太多泡沫。

 **酒體**
輕。以輕盈順口，喝起來很舒服為賣點的啤酒。

〈主要酒款〉
· Coronita Extra

**DATA**

**Corona Extra**
類型：淡拉格（底層發酵）
原料：麥芽、啤酒花、玉米、抗氧化劑
內容量：355ml
酒精濃度：4.5%
生產：Modelo公司

口感
香味　醇厚
苦味　酸味
甜味

　　日本經濟泡沫化之後，誕生於墨西哥的「Corona（可樂娜）」受到日本人的喜愛。當時使用「沒有萊姆就沒有可樂娜」的廣告詞，可見萊姆和可樂娜是密不可分的絕佳組合。

　　添加萊姆的習慣與透明玻璃瓶有關。啤酒照到陽光會變質，會產生稱為日光臭的氣味。為了避免此情形發生，啤酒瓶通常都使用褐色的。可樂娜的透明瓶很容易發生日光臭，為此，才會加入墨西哥特產的萊姆來品嘗。然而在墨西哥，人們認為啤酒本來就有日光臭。從開始製造以來，可樂娜強調的都是「活在當下」的哲學。

　　啤酒一般要倒進杯子品嘗，但只有可樂娜是「把萊姆加進啤酒裡，然後嘴對著瓶口喝」。

誕生於墨西哥的深色啤酒

# Cerveceria Modelo, S. de R. L. de C.V.

## 莫德羅啤酒公司
Negra Modelo

氣味 ●烘烤過的麥芽香。還有果香。

香氣
風味 ●在麥芽和啤酒花風味後，留下清新的餘味。

外觀
深褐色。比深色啤酒印象中的顏色要淺一些。

酒體
輕。顏色雖然深，味道卻很輕盈。

**LABEL**
就像是用大麥點綴，具高級感的金色酒標。即使是特別日子的聚餐也很適合。

烘烤麥芽的存在感十分明顯的維也納拉格。外觀看起來很厚重，但口感卻很清爽。跟可樂娜一樣，加入萊姆也很好喝。

〈主要酒款〉
· Modelo Especial

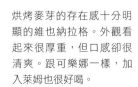

### DATA

**Negra Modelo**
類型：維也納拉格（底層發酵）
原料：麥芽、啤酒花、米、
抗氧化劑
內容量：355ml
酒精濃度：5.5%
生產：Modelo公司

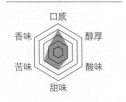

　　生產可樂娜啤酒的墨西哥最大啤酒商Modelo，以誕生於奧地利的維也納拉格為範本，釀造出Negra Modelo。

　　Modelo公司創立於1922年，1925年開始販售可樂娜，1930年開始販售Negra Modelo。是在墨西哥市佔率超過50%的大型啤酒公司。2012年被安海斯－布希英博集團併購，這是繼2008年安海斯－布希與英博兩大酒業集團合併後，史上第二大的合併案。

　　雖然經歷了世界啤酒市場的波濤洶湧，但Modelo從1930年起，持續釀造了近80年的Negra Modelo，並沒有改變它的豐富風味。維也納拉格是由維也納的德雷赫（Anton Dreher），利用冷藏技術和底層發酵研發出的一種類型。進入20世紀後，隨著奧匈帝國解體，在本國已經銷聲匿跡，但在墨西哥誕生的Negra Modelo卻繼續守護這項傳統。

# 亞洲

## ASIA

## 受惠於亞熱帶氣候，
## 皮爾森啤酒相當盛行。

People's Republic of China

　　亞洲各國以清爽風味的拉格居多。特別是在東南亞，與使用大量香料的菜色更是對味。但是近年來，流行於亞洲的啤酒類型也越來越多樣化了。

Thailand

Vietnam

Sri Lanka

Singapore

### 斯里蘭卡
### SRI LANKA

較為人熟知的品牌「獅子」，是具有醇厚風味的司陶特，但皮爾森啤酒也有豐富堅實的麥芽風味。獨特的個性不輸給有著濃烈辛香料的斯里蘭卡料理。

### 印尼
### INDONESIA

因終年陽光普照，多數人喜好的選擇，仍以數家大型啤酒製造商生產的皮爾森啤酒為主。近年來，也出現了釀製司陶特和愛爾的微型啤酒廠。

Indonesia

亞洲分布圖

# 菲律賓
## PHILIPPINES

除了皮爾森類型外，多數酒商也有販售以嚴選麥芽和啤酒花釀製的頂級啤酒。其他還有深色拉格，以及酒精濃度較高的烈性啤酒等。

# 越南
## VIETNAM

啤酒年生產約265萬kl，是東南亞第一（2011年）。以皮爾森啤酒為主流，每個城市都有各自的啤酒。代替飲水的廉價啤酒「Biahoi」也有許多人飲用。

# 泰國
## THAILAND

泰國年平均氣溫超過30度，市面上以皮爾森啤酒為主。代表泰國的兩大啤酒商也以女性和喜歡淡啤酒的人為對象，販售皮爾森啤酒。

Philippines

# 台灣
## TAIWAN

到2002年1月為止，台灣的啤酒製造屬於專賣，只生產皮爾森啤酒。但現在也有了調和芒果、鳳梨等水果的水果啤酒。小型啤酒廠的設立也相當興盛。

# 新加坡
## SINGAPORE

因為是「四季如夏」的國家，所以口味清爽的拉格啤酒最受歡迎。其他也有具深度的頂級啤酒和歐洲類型等，酒精濃度在4.5～11.8%，範圍很廣泛。

# 中國
## CHINA

中國是世界第一的啤酒生產大國。啤酒類型以皮爾森啤酒為主流。除了三家大型酒商外，也有許多小型啤酒廠，總數達400家以上。

# STYLE
## 從歐洲本土傳到殖民地的啤酒

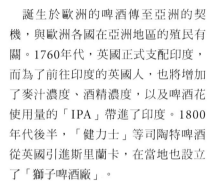

誕生於歐洲的啤酒傳至亞洲的契機，與歐洲各國在亞洲地區的殖民有關。1760年代，英國正式支配印度，而為了前往印度的英國人，也將增加了麥汁濃度、酒精濃度，以及啤酒花使用量的「IPA」帶進了印度。1800年代後半，「健力士」等司陶特啤酒從英國引進斯里蘭卡，在當地也設立了「獅子啤酒廠」。

鴉片戰爭開啟了歐洲各國進出中國的契機。到了20世紀，為駐守在中國的歐洲人興建了許多啤酒廠。二次世界大戰後，啤酒廠都被國有化，因此啤酒也變成一般人隨手可得的產品。

東南亞各國也受到殖民國影響，開始發展啤酒文化。印尼受荷蘭的影響，菲律賓是西班牙，越南則是受法國影響。台灣則有日本人興建的啤酒廠，為目前最暢銷的啤酒打下基礎。

從19世紀後半到20世紀初，啤酒界發生很大的變化。原本在歐洲是啤酒主流的頂層發酵（愛爾）被底層發酵（拉格）所取代。冷藏技術的進步以及流通範圍的拓展，使拉格成為全世界都能喜好飲用的啤酒。主要販售皮爾森啤酒的全球性大型酒商投入資本，在各國設立工廠，也是讓拉格加速風行的原因。另外，口感清爽的皮爾森啤酒，和亞熱帶氣候的南亞風土和飲食文化，也最為搭配。

**COLUMN**

### 亞洲啤酒的未來

承繼歐洲歷史的亞洲啤酒文化，目前因為歷史尚淺，並沒有屬於自己的啤酒類型。但近年來，跟日本一樣，亞洲各國也有許多微型啤酒廠誕生。中國和越南、台灣、印尼也開始注意到精釀啤酒。相信不久之後，亞洲也能產生屬於自己的啤酒類型。

中國啤酒的代表酒款

# Tsingtao

## 青島啤酒

**LABEL**
孔子的故鄉，位於中國山東省的港灣城市青島。酒標上是舊市街的青島灣大橋。

啤酒花和麥芽香氣恰到好處，兩者十分協調。口感溫和且帶著清爽的苦味，非常容易入口。

 **氣味**●淡淡的玉米甜香。
**風味**●能感受到些許堅果的風味。
香氣

 淡金黃色。泡沫細緻且柔軟。
外觀

 中等。恰到好處的麥芽甜香，喝起來相當地順口。輕爽口感，味道不會太強烈。氣泡感不明顯。
酒體

〈主要酒款〉
· Premium
· Stout

**DATA**

**青島啤酒**
類型：美式拉格（底層發酵）
原料：大麥麥芽、啤酒花、米
內容量：330ml
酒精濃度：4.7%
生產：青島啤酒股份有限公司

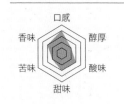

　　青島啤酒在世界超過50個國家販售，是一款全球化的啤酒品牌。

　　位於中國東部山東省的青島，從1898年起，成為德國的租借地，而啤酒生產就是德國經營租借地的其中一環。1903年，德國投資家希望在青島釀製啤酒，於是成立了「日耳曼啤酒公司青島股份公司」。當時設備和原料都從德國進口，產品有皮爾森啤酒和黑啤酒。並在1906年的慕尼黑博覽會上獲得金牌。

　　第一次世界大戰爆發後的1916年，「大日本麥酒株式會社」收購了工廠，之後的30年內，生產了朝日、YEBISU、札幌等啤酒。1945年，因日本戰敗，青島啤酒的經營權由中國接收，成為國營事業。1993年才開始民營化。

🇸🇬 新加坡

出口至60個以上的國家，知名度很高的啤酒

# Tiger
## 虎牌啤酒
Lager Beer

## LABEL
畫有與品牌名稱相同的老虎圖案。沉穩的藍與鮮明的橘形成強烈對比。

口感清爽，十分解渴的拉格。啤酒花的苦和香味，和麥芽香甜十分平衡，受到全世界的好評。

**香氣**　氣味◉淡淡的清爽柑橘香味。
風味◉留下些許的麥芽香。隨著啤酒花清淡的果香，也可以感受到麵包般的風味。

**外觀**　淡金黃色。泡沫細緻，氣泡不太明顯。

**酒體**　沒有太強烈的苦澀味，後味則保留了酒精氣息。

### DATA

**Tiger Lager Beer**
類型：拉格（底層發酵）
原料：大麥麥芽、啤酒花、玉米
內容量：330ml
酒精濃度：5.0%
生產：Asia Pacific Breweries

口感
香味　　醇厚
苦味　　酸味
甜味

在國內外受到廣大歡迎的新加坡啤酒。使用奧地利產的麥芽，以及德國產的啤酒花，荷蘭產的酵母，使用經過六次過濾的新加坡淨水釀製而成的。在當地，一部有人問到「What time is it?」然後回答「Tiger Time!」的廣告深受好評。

1930年，荷蘭的海尼根公司與新加坡F&N大型企業合併，海尼根公司提供啤酒的釀製技術，而F&N則提供生產工廠並負責銷售通路，成立了Malayan Breweries公司。

1990年，將公司名稱更改為Asia Pacific Breweries。在亞洲全境設有多家啤酒廠，並出口至60個以上的國家。

泰國

## 泰國最古老、最大的啤酒公司釀製的獅子啤酒

# Singha
## 勝獅啤酒
Lager Beer

### LABEL

酒標上畫有出現於古代神話中的泰國獅子「Singha」以及大麥麥芽、啤酒花。

清爽銳利的風味。與帶有明顯的魚露和辛香味，口味酸辣的泰國菜十分搭配。

 香氣
氣味●帶點微酸的啤酒花香。
風味●麥芽香和啤酒花香相當協調，會刺激你的鼻腔。

 外觀
淡金黃色。泡沫紮實且持久，細緻的泡沫覆蓋在啤酒上。

 酒體
含在嘴裡能感受到輕微的甜和苦，喝起來清爽。放置一段時間，啤酒花香會變明顯，甜味也會增加。

### DATA

**Singha Lager Beer**
類型：國際皮爾森（底層發酵）
原料：麥芽、啤酒花、糖類
內容量：330ml
酒精濃度：5.0%
生產：Singha Corporation

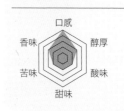

1933年，和德國技術合作所釀製的泰國第一款國產啤酒。繼承了德國皮爾森啤酒的釀製法。

「Singha」是梵語的「獅子」。出現於古代神話。畫在瓶頸標籤上的是象徵泰國的神鳥「迦樓羅」。加上「By Royal Permission」字樣，代表這是受到泰國王室喜愛，具高品質的啤酒品牌。

Singha在全泰國擁有三家啤酒廠以及六家工廠，是出口國家在50個以上的國際性品牌。宣傳語是「獅子的啤酒，泰國的啤酒」。4月8日是日本紀念日協會認定的「Singha啤酒日」。

📷 斯里蘭卡

連啤酒獵人傑克森都讚不絕口

# Lion
## Stout

**LABEL**
前面是雄獅，後面則是喜愛「Lion Stout」的啤酒獵人麥可‧傑克森的照片。

跟帶有濃郁椰奶香味的咖哩很合。當地會加入以椰子釀製的蒸餾酒一起品嘗。

**香氣**
氣味●巧克力和焦糖的香味。
風味●巧克力輕柔的甜，以及肉桂般的辛香味。

**外觀**
接近黑的深咖啡色。泡沫的厚度和持久性都不錯。

**酒體**
中等。綿密的液體。溫和的口感，散發出麥芽和焦糖的甜，以及酸味。最後會有酒精感，能品嘗到苦澀的餘韻。

〈主要酒款〉
· Lager
· Imperial

**DATA**

**Lion Stout**
類型：烈性司陶特（頂層發酵）
原料：麥芽、啤酒花、糖類、焦糖
內容量：330ml
酒精濃度：8.8%
生產：Lion Brewery Inc.

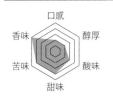

口感
香味　　醇厚
苦味　　酸味
甜味

　　1881年創業的Lion啤酒廠（舊錫蘭啤酒廠）是亞洲（日本除外）最古老的啤酒廠。作為英國殖民地的舊錫蘭，以英國釀酒技術為基礎，使用源自標高1800公尺以紅茶產地聞名的努沃勒埃利耶泉水來釀製。

　　對熱衷追求世界各種啤酒，在提升精釀啤酒品質多有貢獻的啤酒獵人，已故的麥可‧傑克森來說，Lion Stout是款「帶有高級利口酒優雅的甜，在香甜之後又能感受到醇厚的風味，無人可及的啤酒」。

　　在世界食品品質評鑑大會獲得6次金牌獎，評價相當高，2011、2012年連續得到同一評鑑大會的特別金牌獎。1988年也曾獲得比利時啤酒大賽金牌獎。

🟥 印尼

以「星星」為名的印尼代表

# Bintang

**Bintang**

**LABEL**
Bintang的印尼話就是「星星」。標籤上以一顆紅色星星來表示。

帶溫和的苦和些許的甜，具有清爽的口感。在世界食品品質評鑑大會連續4年獲得金牌獎。

 **氣味**●些許的甜和酒精氣息。

香氣　**風味**●留下酒精氣息和啤酒花香的餘韻。

 淡金黃色。

外觀

 清爽的口感，酸味的存在感略強於苦味。氣泡和麥芽感稍弱。後味則保留了溫和的苦味。

酒體

**DATA**

**Bintang**
類型：國際皮爾森（底層發酵）
原料：麥芽、啤酒花、糖類
內容量：330ml
酒精濃度：4.8%
生產：P.T. Multi Bintang

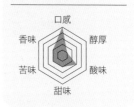

　　Bintang啤酒在印尼的市場佔有率超過七成以上，是印尼的代表性啤酒。

　　製造商是P.T. Multi Bintang公司。曾經是荷蘭殖民地的印尼，1929年便由荷蘭的海尼根公司開始販售海尼根啤酒。1967年和政府公社合併後，才誕生了P.T. Multi Bintang公司。現在仍屬於海尼根集團。

　　Bintang是印尼語「星星」的意思。除了世界食品品質評鑑大會外，也在2011年獲得世界最古老的國際啤酒評鑑大會「BIIA國際啤酒大賞」的金牌獎，在國際間也被評價為優質皮爾森啤酒。相當適合印尼的氣候，帶有乾淨爽洌的風味，廣受衝浪者喜愛。

菲律賓

受到當地民眾喜愛的多樣化酒款

# San Miguel

## 小瓶啤酒

**LABEL**
當地人會將整瓶啤酒放進水中冷卻，所以酒標是直接印在瓶身的。

輕盈的口感，溫和而乾爽的風味。入喉時，除了甜香外還能感受到些許的辛辣。

**香氣**

**氣味**●甜香和微微的啤酒花香。

**風味**●淡色液體。能感受到些許的酸。

**外觀**

偏淡的金黃色。氣泡感強，會產生大氣泡。

**酒體**

啤酒含在嘴裡時，散發出淡淡的甜。不但清爽容易入口，甜味、酸味和苦味也很協調。

〈主要酒款〉
Dark
Premium All Malt
Red Horse
Apple flavor

**DATA**

**San Miguel小瓶啤酒**
類型：國際皮爾森（底層發酵）
原料：麥芽、啤酒花、穀類
內容量：320ml
酒精濃度：5%
生產：San Miguel公司

設立於1890年。從販售清涼飲料、洋酒、食品的食品公司開始。1914年起，出口到上海、香港、關島，1948年在香港設立啤酒廠。因為生產東南亞第一款瓶裝啤酒，而成為銷售最佳的啤酒廠。在香港有啤酒廠，因此有不少人以為此款啤酒是香港的啤酒。目前擁有菲律賓啤酒市場的九成市佔率，並出口至60個以上國家。San Miguel這個名稱來自西班牙語的「聖米迦勒大天使」。這與16世紀至19世紀，菲律賓曾是西班牙的殖民地有關。也稱為「San Miguel小瓶」，除了有320ml容量之外，也有1000ml瓶裝。

■ 台灣

## 日本人很感興趣的台灣最大啤酒品牌

# Taiwan Beer

## 台灣啤酒

金牌

**LABEL**
在世界啤酒評鑑會
中，曾經獲得5次
金牌獎。將金牌設
計在酒標上，更具
有意義。

香氣

氣味●芬芳的啤酒花
香，以及蓬萊米獨特
的香氣。
風味●甜，微微的麥
芽香留在鼻腔。

明亮的橘色。氣泡感
不明顯，但泡沫豐
外觀　厚。

輕。苦味並不明顯，
酒體　味道乾淨爽冽。

〔 **DATA** 〕
**台灣啤酒金牌**
類型：國際皮爾森
（底層發酵）
原料：大麥、啤酒
花、蓬萊米
內容量：330ml
酒精濃度：5.0%
生產：台灣菸酒公司

以「啥米尚青？台灣啤酒」廣告詞做
宣傳的台灣最大啤酒品牌。其中評價最
高的是「金牌」，此款啤酒除了使用蓬
萊米，更使用德國產的高級啤酒花，讓
啤酒更香醇。

前身高砂麥酒株式會社，是由日本企
業家在1919年設立的台灣第一間啤酒工
廠。2002年成為現在的台北啤酒廠。

★ 越南

## 國內市佔率最大。適合越南菜的啤酒

# Saigon

## 西貢啤酒

Export

〈主要酒款〉
· Saigon Specials
· 333

**LABEL**
進口的「Export」是
紅色標籤，而喝得到
的同款商品在越南則
是綠色標籤。

香氣

氣味●如花朵般的淡淡
甜香。
風味●輕微的酒精氣息
和麥芽香。

外觀

接近透明的琥珀色。泡
沫細緻。

酒體

含在嘴中能感受到酸
味。口感清爽。

〔 **DATA** 〕
**Saigon Export**
類型：國際皮爾森
（底層發酵）
原料：麥芽、啤酒
花、米
內容量：335ml
酒精濃度：5.0%
生產：Saigon
Beer Alcohol
Beverage公司

在越南市佔率達七成的「Saigon啤
酒」，是代表越南第二大都市胡志明市
的啤酒。

作為越南第一款國產啤酒，當地人通
常會在啤酒杯裡裝入大塊冰塊，然後將
常溫啤酒倒進去品嘗。但啤酒風味會變
淡，所以並不推薦。

從明治時期到現在，
深受國民喜愛的啤酒

# 日本
🇯🇵 JAPAN

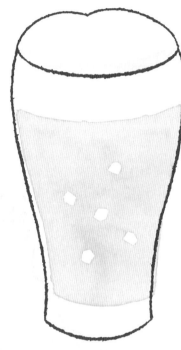

### 麒麟

從明治時期開始至今，
從未改過名稱的老牌
製造商。拉格的標籤也
是120年不曾改變過，
是現今日本啤酒界的龍
頭。

### 朝日

成長速度相當快，現在跟
麒麟一樣是代表日本的
品牌。以生產「超爽生啤
酒（Super Dry）」為契
機，排除多餘雜味，致力
釀製風味純粹的啤酒。

日本釀製啤酒大概是從明治時期對外開放開始的。初期以小規模的啤酒廠為主，但現在則因大廠彼此合作而形成以大規模酒廠為中心的市場。因政府政策開始徵收酒稅，而這加速了啤酒業者的重整。第二次世界大戰後，戰前的4家啤酒廠（麒麟、朝日、三寶樂、三得利），再加上沖繩的Orion啤酒，奠定了啤酒版圖。特別是麒麟啤酒佔國內市佔率的六成以上，一家獨大的時代持續了相當長的一段期間。

而突破此情況的是由朝日開發的「超爽啤酒」。之後朝日的銷售額迅速攀升，而麒麟也以「一番搾」來對抗。三寶樂、三得利也以自己的路線來開拓市場，市佔率戰爭逐漸白熱化。

現在各大酒商從使用嚴選素材釀製優質啤酒，到針對消費者需求開發減糖，或是酒精飲料等。因此近年在皮爾森啤酒之外也能品嘗到各種類型的啤酒了。

## 主要大廠

### 三寶樂

曾經在東日本擁有高市佔率。戰後以黑色酒標瓶裝銷售全國。曾開拓以麥芽以外原料製酒的新類型市場，擁有很高的技術能力。

### 惠比壽

在低價風潮中走高級路線，成功地和其他品牌做出區別。對確立吸引啤酒迷的頂級啤酒市場有很大貢獻。

### 三得利

原本是洋酒製造商，戰後也開始投入啤酒市場。經過長時間的苦戰，現在的規模僅次於兩大啤酒商。未來發展值得期待。

### Orion

在二戰後沖繩劃歸日本前開始釀造啤酒，現在只要想到沖繩就會聯想到Orion。成功的原因，在於釀製出適合當地氣候飲用的啤酒。

市佔率超過六成的老牌製造商

# 麒麟

## Kirin

**LABEL**
上市時，歐洲許多啤酒酒標上都繪有動物，因此選擇麒麟作為商標。

清爽的苦味，入喉時有點刺激感。雖是眾所周知的傳統啤酒，但在2010年改變了啤酒花的種類和使用量，不斷求新求變。

### 「一番搾」的二番搾存在嗎？

一般來說釀製啤酒時，會將過濾後的第一道麥汁，以及含單寧成分（澀味和苦味來源）的第二道麥汁混合。那麼只使用第一道麥汁的「一番搾」的二番搾有著什麼樣的風味，會怎麼使用呢？其實它根本不存在。奢侈地只過濾一次，剩下的即便留有糖分，也不再繼續過濾。過濾後的麥芽皮會當作家畜的飼料使用。

〈主要酒款〉
· Classic Lager
· 一番搾
· Heartland

**DATA**

**Kirin Lager Beer**
類型：國際皮爾森（底層發酵）
原料：麥芽、啤酒花、米、玉米、澱粉
內容量：500ml（中瓶）
酒精濃度：5.0%
生產：麒麟啤酒

口感
香味　醇厚
苦味　酸味
甜味

明治後期的1907年，承接Japan Brewery Company所誕生的麒麟啤酒。

酒標上熟悉的麒麟圖案，是在承接前的1889年就已出現，此後120多年都使用同樣的商標設計。

戰後重新出發的麒麟成為全國第一品牌。以「麒麟拉格啤酒」為首，曾擁有六成以上的市佔率。而在朝日啤酒窮追猛打

下，開發出新產品「一番搾」。使用過濾後第一道麥汁的奢華優質啤酒，卻以平實的價格販售，造成「一番搾」的大賣。

如今在兩大核心品牌之外，又增加了發泡酒的「淡麗」系列，以及新類型的「順喉生啤酒」，另外也開拓了零酒精成分的啤酒風味飲料「Kirin Free」等品項，希望能在啤酒市場奪回優勢。

劃時代的DRY，讓它登上巔峰

# 朝日

## Asahi

**LABEL**

在現在這樣大賣之前便使用金屬色調來設計，發售之初就讓消費者留下深刻印象。

使用朝日獨特的酵母。發酵能力強，不太會留下糖分，能夠釀製出沒有雜味的清爽啤酒。完美體現了源自日本的爽口啤酒。

了解品牌

**COLUMN**

### 超爽之外也有許多的日本第一！

朝日啤酒創造了許多如今被視為理所當然的日本第一。像是罐裝啤酒，是朝日在1958年首次發布；1968年開始販售含有酵母的啤酒；而且啤酒禮券也是朝日最先使用的。劃時代的超爽啤酒就是在講究創新的歷史與文化中誕生的。

〈主要酒款〉
· Super Dry Black

**DATA**

**Asahi Super Dry**
類型：國際皮爾森（底層發酵）
原料：麥芽、啤酒花、米、玉米、澱粉
內容量：334ml（小瓶）
酒精濃度：5.0%
生產：朝日啤酒

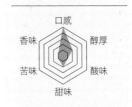

口感
香味　　醇厚
苦味　　酸味
甜味

　朝日啤酒的發展歷程是從明治時期設立的大阪麥酒開始的。之後因合併而成為大日本麥酒，二戰後則分為朝日麥酒和日本麥酒。而在戰後沒多久，朝日麥酒就站上國內市佔率的頂端。

　在半個世紀後的1998年，朝日再次拿回國內市佔率第一名。而讓它再創巔峰的原動力，應該是1987年所生產的日本首款乾爽生啤酒「超爽啤酒」。

　口味乾淨爽冽適合所有菜色的「超爽」，在啤酒業界掀起革命，成為空前的暢銷商品。雖有如此亮眼的成績，但朝日仍堅持繼續創新，於是接連發表了以零度以下溫度供應的「極度冰鋒」及「超爽黑啤酒」等系列商品。每款都有死忠粉絲。

　現在沒有雜味，具清爽口感的新類型「Clear Asahi」與「超爽」一起帶領著朝日前進。

在北方大地孕育的實力派製造商

# 三寶樂

## Sapporo

**LABEL**
將前身「三寶樂瓶裝生啤」時代的暱稱「黑標」作為商品名，是非常少見的案例。

不使用會降低風味的酵素，而使用獨家麥芽的黑標生啤酒。因此從第一口到最後一口都能品嘗到啤酒的美味。

### 「Draft one」開拓了新的領域

在酒稅法中，麥芽使用率超過67%以上的稱為啤酒。1994年，三得利開始販售麥芽率控制在65%的發泡酒「HOP'S」，於是出現了發泡酒市場。三寶樂在2003年販售的「Draft one」因原料不是麥芽，所以稱為第三類啤酒。之後出現了發泡酒混合烈酒的商品，現在將這兩個系統合稱為「新類型」。

〈主要酒款〉
· The 北海道（地區限定釀造）

**DATA**

**Sapporo Draft Beer
Black Label**
類型：皮爾森（底層發酵）
原料：麥芽、啤酒花、米、玉米、澱粉
內容量：334ml（中瓶）
酒精濃度：5.0%
生產：三寶樂啤酒

明治新政府在1869年設置開拓使，前往北海道進行開發。在開展的各種事業當中，三寶樂啤酒的前身，開拓使麥酒釀造廠也是其中之一。因為北海道寒冷的氣候相當適合釀製啤酒。

1877年，以象徵開拓使的北極星作為商標，開始販售「三寶樂啤酒」。之後被大倉喜八郎帶領的大倉組商會買下，國營啤酒事業轉為民營。1906年，和販售「惠比壽啤酒」的日本麥酒釀造公司合併。

戰後，以原有的技術為基礎，開發了能將生啤酒的風味完整裝瓶的製造方法。因為有此製造方法，現在才會有人氣商品「黑標」的誕生。就因為有創新求變的企業風氣，才會有以豌豆蛋白質作為原料釀造的「Draft one」，以及雖屬新類型卻有醇厚感的「麥芽和啤酒花」。

# 頂級啤酒的先驅品牌
# 惠比壽
## Yebisu

**LABEL**
使用金色和惠比壽圖案來表現吉祥和高級感。適合奢華啤酒的酒標。

沿襲德國的純酒令而釀製的惠比壽，屬於北德的多特蒙德類型。能夠品嘗到溫和的苦和經過長時間熟成的醇厚。

### 能徹底了解惠比壽啤酒的地方是？

2010年2月25日，在惠比壽創辦120年紀念日開幕的「惠比壽紀念館」，是想成為惠比壽通必去的景點。該館特別推薦參加由專業嚮導介紹惠比壽歷史和逸事的「惠比壽參觀團」。館內有能接觸各種惠比壽啤酒的品酒沙龍。

※入館免費，但參加惠比壽參觀團或品酒沙龍則要付費。

〈主要酒款〉
· Yebisu Silk
· Yebisu Premium Black
· Amber Yebisu

**DATA**

**Yebisu Beer**
類型：多特蒙德啤酒（底層發酵）
原料：麥芽、啤酒花
內容量：334ml（中瓶）
酒精濃度：5.0%
生產：三寶樂啤酒

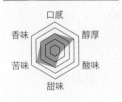

以「有點奢侈的啤酒」為人所知的惠比壽，起源自明治時期，是由三寶樂啤酒的前身日本麥酒釀造公司所設立，於1890年開始販售「惠比壽啤酒」。

惠比壽啤酒因清爽的風味而贏得消費者好評。但也因為深受歡迎，所以也出現了許多山寨版。另外，日本麥酒在1899年，為了讓更多人了解啤酒的美味，所以在現在的東京、銀座開設了「惠比壽啤酒屋」。每天都擠滿了前來朝聖的粉絲。

第二次世界大戰中，啤酒成為配給品，所有品牌都消失了，而惠比壽這個品牌也跟著暫時消失，直到1971年才復出，釀製出戰後第一款以100%麥芽釀製的德式啤酒。之後，以目前確立為頂級啤酒的類型先驅身分，陸續推出Yebisu Premium Black、Amber Yebisu和Yebisu Silk等系列酒款。

對水和麥芽的堅持促成不斷的進步

# 三得利

## Suntory

**LABEL**
在更改商標的時候，加上了「Suntory Pilsner Beer」字樣。做出這是「世界第一的皮爾森啤酒」的宣言。

來自歐洲產香型啤酒花的芬芳香氣讓人印象深刻。再加上堅持的「二次熬煮製法」，2012更改商標之後，加入了稀有的傳統品種「鑽石麥芽」，讓啤酒風味變得更高級。

從The Premium Malt's（頂級啤酒）可見三得利對啤酒花的堅持。在哪個時間點放入啤酒花將大大影響啤酒的完成度。The Premium Malt's是將麥汁煮沸約1個小時，然後按照啤酒花類型的不同，分成2～3次加入。這樣可以提出最棒的苦味和香氣。為了達成理想的風味，據說花了10年時間研究，相當驚人。三得利對於啤酒花的產地，以及培育在歐洲負責栽培的專家「啤酒花名人」也投入相當的心力。

〈主要酒款〉
‧The Premium Malt's〈Black〉
（數量限定）

**DATA**

**The Premium Malt's**
類型：皮爾森（底層發酵）
原料：麥芽、啤酒花
內容量：500ml（中瓶）
酒精濃度：5.5%
生產：Suntory酒類

創於1899年，原是葡萄酒製造販售公司的鳥井商店。1921年設立壽屋株式會社。1928年購入製造「Cascade Beer」的日英啤酒廠，1930年開始販售「Oraga Beer」。但因銷售成績欠佳，1934年終止販售。

1963年，將公司名稱更改為「三得利株式會社」後，再度加入啤酒市場。1968年，發表了以過濾方式將酵母去除的「純生啤」。以有無酵母來定義是否為生啤酒的說法備受爭議，最後日本以「未經過熱處理的就是生啤酒」來下定義。之後三得利以頂級啤酒路線尋求出路，而所生產的The Premium Malt's獲得啤酒迷的喜愛，銷售額也向上竄升。另一方面，在新款啤酒方面也致力於使用「鮮味麥芽」生產的「金麥」。

產品極講究水質，三得利以「與水共生」作為企業形象標語，替自家商品選擇最適合的水，並在水源地設立工廠。

## 深耕沖繩獨一無二的品牌

# Orion

**Orion**

### LABEL
能感受沖繩的太陽、天空和大海的簡單設計。季節、地區等各種限定商品的設計也大受歡迎。

相當順口，風味溫順是此款啤酒的特色。因為釀製時增加了「起泡蛋白質」，所以泡沫細緻且持久。

了解品牌
**COLUMN**

### 在沖繩喝的Orion啤酒為何好喝？
德文的Bier Reise是「啤酒之旅」的意思。過去Orion只能在沖繩喝到，所以需要進行啤酒之旅。現在日本全國都能夠喝到。不過到了沖繩還是希望能在當地喝到Orion。口感清爽且新鮮，這種魅力只有在熱帶氣候中才能發揮，也讓人知道啤酒和誕生地的關係難以切割。

〈主要酒款〉
・Orion 一番櫻

**DATA**

**Orion Draft Beer**
類型：國際皮爾森（底層發酵）
原料：麥芽、啤酒花、米、玉米、澱粉
內容量：500ml（中瓶）
酒精濃度：5.0%
生產：Orion啤酒

　　到沖繩必喝的Orion啤酒，是在回歸本土前的1959年就開始販售。以味噌和醬油的釀製技術為基礎，選擇在縣內水質硬度較低的北部名護來釀製啤酒。

　　販售當時，啤酒風味是以重視醇厚的德國風為主。當時因為其他大品牌的啤酒非常強勢，Orion即使在沖繩縣內，市佔率也是相當的低。如今之所以能夠在沖繩佔有最大的市場，大概是因為調整了啤酒風味，選擇釀製能配合氣候痛快暢飲的美式清爽風格。再配合為了保護當地產學界而採行的特別稅制，讓Orion啤酒成長為能代表沖繩縣的啤酒品牌。

　　2002年跟朝日啤酒合作之後，除了生產「生啤酒」外，也有強調啤酒花香的「一番櫻」以及實現零糖分的「ZERO LIFE」、「麥職人」、「南方之星」等能滿足消費者需求的酒款。

# 日本在地啤酒
## THE JAPANESE CRAFT BEER

**從可當伴手禮的「在地啤酒」變身為追求風味的「精釀啤酒」。**

戰後日本的啤酒製造呈現由大廠獨佔的狀態。而到了平成年間的1994年，小規模啤酒廠才被認可。當時的流行語「解除管制」也影響到啤酒業界，最低製造量從2000kl大幅減少到60kl。

之後，全國各地紛紛出現小規模啤酒廠，模仿「地酒」的命名而稱為「在地啤酒」，引起廣大的回響。在地啤酒成為新的地方必買特產，受到大家的歡迎。但由於品質不佳的啤酒廠也不少，加上無法像大型酒商那樣大量生產，所以價格也偏

高。於是逐漸形成了「在地啤酒＝難喝又很貴」的刻板印象。當然一部分也是因為消費者除了皮爾森啤酒外，並不習慣其他啤酒類型所致。

當熱潮退去，大部分的啤酒廠面臨關廠的命運，但也有一些小型啤酒廠仍繼續在當地努力，生產美味的啤酒。2000年代後半之後，因為大多數人對「在地啤酒」留有負面印象，所以將名稱換成會聯想到工匠手製工藝品的「精釀啤酒」。

在日本生產的精釀啤酒，大多是由突破各種難關的酒廠釀製的，品質有相當的水準，且獲得許多國際啤酒大賽的獎項。好些酒廠的評價甚至高於具歷史和傳統的正統啤酒廠。

最近以東京市內為中心，誕生了許多能品嘗到日本各地精釀啤酒的店家。而且除了啤酒吧等專門店之外，以後在一般的居酒屋和餐廳，應該也能品嘗到精釀啤酒吧。

以「來自新潟的挑戰」為宣傳標語的名水啤酒

# Swan Lake Beer（新潟縣）

## Amber Swan Ale

**LABEL**
搭配啤酒顏色設計的紅色酒標，上面有釀製時使用的爐具以及啤酒花。兩隻天鵝非常可愛。

使用美國產的啤酒花，柑橘系香氣和苦味的餘韻喝起來很舒服。使用了許多焦糖麥芽，散發出焦糖風味是其特色。

香氣
**氣味**●來自啤酒花的柑橘系香氣，但又不會太過濃烈。

**風味**●除了有啤酒花的苦，也能感受到焦糖麥芽的甜和烘焙香氣。

外觀
帶點紅的褐色，接近紅茶的顏色。啤酒表面覆蓋著細緻綿密的泡沫。

酒體
中等。一面沉浸於苦的餘韻中，一面慢慢地品嘗。

〈主要酒款〉
Porter
Golden Ale
White Swan Weizen

**DATA**

**Amber Swan Ale**
類型：美式琥珀愛爾（頂層發酵）
原料：麥芽、啤酒花
內容量：330ml（中瓶）
酒精濃度：5.0%
生產：瓢湖屋敷公司啤酒廠

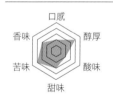

口感／香味／醇厚／苦味／酸味／甜味

在白天鵝造訪的瓢湖附近的山麓，五十嵐邸佇立於此。在包含廣大的日本庭園，佔地5000坪的豪華農舍設立的酒舍所釀製的Swan Lake Beer。

誕生於自然資源豐美之地的這個啤酒廠，具有身處於日本新潟的強烈意識，希望能從新潟發展出新的啤酒文化。堅持使用越後名水釀製啤酒，並使用當地產的越光米來釀製拉格，所以從「越乃米越光米釀製啤酒」能夠直接感受到大地的恩賜，是相當受歡迎的一款啤酒。1998年，在International Beer Summit中，Amber Swan Ale和Porter得到金牌獎，之後也獲得國內外各獎項。現在這兩款啤酒是Swan Lake招牌酒款，獲得啤酒迷支持。

2012年，在東京車站八重洲口開設了直營的酒吧「Pub Edo」。同時能品嘗使用在新潟採收的食材烹調的佳餚及啤酒。

# 設計性高，表現啤酒之美
# COEDO啤酒（埼玉縣）
## COEDO紅赤-Beniaka-

 **香氣**
**氣味**●乾燥水果的甜香。啤酒花的香氣並不明顯。
**風味**●以烘烤過的甜香為主，就像容易入喉的嚴規熙篤會啤酒。

 **外觀**
帶點紅的琥珀色，讓人深深著迷。泡沫有淡淡的顏色。

**酒體**
中等。喝來順口，餘味也清爽。

**LABEL**
模仿「球花」的設計。不光是在酒標，瓶頸部位也都有相同的設計。

以適合用來烤番薯的川越產金時地瓜作為材料，呈現出美麗的顏色。乾燥水果香讓人想起嚴規熙篤會啤酒。

〈主要酒款〉
· COEDO 伽羅-Kyara-
· COEDO琉璃-Ruri-
· COEDO漆黑-Shikkoku-

**DATA**

**COEDO紅赤-Beniaka**
類型：Imperial Sweetpotato Amber（底層發酵）
原料：麥芽、大麥、啤酒花、地瓜
內容量：333ml（中瓶）
酒精濃度：7.0%
生產：協同商事COEDO啤酒廠

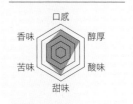
口感
香味　醇厚
苦味　酸味
甜味

　　作為江戶廚房而繁榮的埼玉縣川越市，因有許多獨具風味的倉庫，所以又稱「小江戶」。COEDO啤酒廠在這裡創業的初期，招募德國啤酒達人前來指導。之後，除了德國類型的啤酒外，增加了使用當地採收的地瓜或茶葉的原創啤酒類型，以及季節限定的發泡酒等，擁有超過十種以上的酒款。

　　轉機在2006年到來。COEDO和品牌師合作，以「Beer Beautiful」的概念，讓「在地啤酒」成為「精釀啤酒」。產品線也經過精選只留下「伽羅」、「琉璃」、「白」、「漆黑」和「紅赤」五種酒款。包裝散發出濃濃的設計感。

　　此外還積極參加國際啤酒大賽，獲得不少獎項，在國外也得到不錯的評價。COEDO的強項就是聘僱了對正統德式釀酒相當仔細，並且熱衷研究的釀酒專家。在精簡產品線之後，仍不斷追求更好的啤酒風味，並且勇於革新。

同時提出新啤酒和品嘗方法的建議

# Sankt Gallen （神奈川縣）

## 湘南黃金

**LABEL**

檸檬黃色的酒標上，印著「湘南黃金」柳橙的照片。

使用了神奈川縣當地花費12年的時間栽培出的柳橙「湘南黃金」，除了其果汁外，果皮和果肉也毫不浪費地一起使用。新鮮柑橘的香氣和清爽的苦為特色的一款水果啤酒。

**香氣**

氣味 ● 濃郁的柳橙香。而且還使用了散發出柑橘香的啤酒花。

風味 ● 在來自果汁和果肉的水嫩口感之後，舌尖會留下果皮帶來的苦味。

**外觀**

一如其名，帶著稍深的金黃色。雖是愛爾啤酒但泡沫相當綿密持久。

**酒體**

輕〜中等。能讓人暢飲的輕盈口感，但同時也能感受到紮實的風味。

〈主要酒款〉

· Golden Ale
· YokohamaXPA
· Brown Porter

**DATA**

湘南黃金

類型：水果愛爾（頂層發酵）
原料：麥芽、啤酒花、柳橙
內容量：330ml（中瓶）
酒精濃度：4.8%
生產：Sankt Gallen

大家現在之所以能夠喝到各式各樣的精釀啤酒，Sankt Gallen的貢獻不小。從日本尚未認可小型啤酒廠的時期開始，就曾在美國釀製啤酒再進口。而對於Sankt Gallen這種象徵日本管制的作法，在經過美國媒體報導之後，遭到各方的批評。

但1994年，因為這些批評而讓日本也開始承認小規模的釀造。Sankt Gallen回到日本後，便在厚木設立了工廠，並以情

人節限定啤酒Imperial Chocolate Stout受到大眾的歡迎。除此之外，也生產慶祝用的1.8公升瓶裝啤酒，以及配合薄酒萊新酒解禁日釀製的大麥酒等各款啤酒。

水果啤酒的種類也很多，其中「湘南黃金」曾在2011年的世界啤酒評鑑會上，榮獲亞洲最佳香料愛爾的獎項。

釀製的酒款包括甜啤酒及苦啤酒等，多樣的產品線也是酒廠一大魅力所在。

閃耀著真正的工匠精神

# Baird Beer（靜岡縣）

## Suruga Bay Imperial IPA

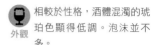 氣味●因為使用兩次的冷泡
啤酒花，所以會有濃烈的啤
酒花香。

香氣 風味●麥芽甜美支撐著啤酒
花的強烈苦味，能感受到深
奧的風味。

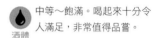 相較於性格，酒體混濁的琥
珀色顯得低調。泡沫並不
外觀 多。

中等～飽滿。喝起來十分令
人滿足，非常值得品嘗。
酒體

**LABEL**
從駿河灣發射升
空的煙火插畫。
似乎在描寫啤酒
花在舌尖跳動的
模樣。

比起一般的IPA，使
用更多啤酒花的雙重
IPA類型。濃郁的香
氣和苦味，是相當獨
特的一瓶。適合最後
才品嘗。

〈主要酒款〉
· Rising Sun Pale Ale
· Wheat King Ale
· 沼津拉格

**DATA**

**Suruga Bay Imperial IPA**
類型：帝國IPA（頂層發酵）
原料：麥芽、麥、糖類、啤酒花
內容量：360ml（現為330ml）
酒精濃度：8.5%
生產：Baird Brewing

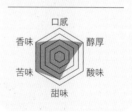

　受日本人的職人魂Craftsmanship吸引，而在2000年來日的Bryan Baird，在靜岡縣沼津市設立Baird啤酒廠。

　座右銘是「Celebrating Beer」（祝福啤酒）。因為他抱持著能開心的祝福啤酒的人，人生也會過得相當豐富的信念。對於傳統釀造法帶著敬意，但也認為自然闊達的啤酒釀製深具魅力。從「大笨蛋！愛爾」、「不分身分地位，大家盡情歡樂的時間—烈性金黃愛爾」等有趣的命名就能

感受到他自由的想法。

　而讓他吸引全世界目光的，是2010年的世界啤酒大賽。一家啤酒廠居然獲得了三項金牌獎，讓他成功地站上世界舞台。

　在全球也獲得好評的Baird啤酒，不僅能在設有工廠的沼津喝到，也能在中目黑、原宿、橫濱馬車道的直營店品嘗到。食物則每家都各有特色，所以如果是粉絲的話，可能每一間店都會想去嘗試看看。

以高次元的水準讓纖細和大膽並存

# 箕面啤酒（大阪府）

## 柚子HO和ITO

不同於一般酒款
酒標的猴子插
畫。充滿童心的
季節限定啤酒。

當地採收的柚子和比利
時酵母的邂逅。這款纖
細的啤酒無疑擁有高品
質，在2012年世界啤酒
大賽中贏得了金牌獎。

 氣味●鼻子靠近杯緣的話，
香氣　能夠聞到柚子和芫荽子的淡
淡香氣。

風味●柚子味道裡帶有比利
時酵母特有的小麥啤酒般的
風味。

 有點混濁的金黃色。極細緻
外觀　的泡沫讓人印象深刻。

輕～中等。口感非常溫順，
酒體　帶有獨特的香醇。

〈主要酒款〉

‧ 箕面啤酒 Stout
‧ 箕面啤酒 Double IPA
‧ 箕面啤酒 Pale Ale

### DATA

**箕面啤酒（大阪府）柚子HO和ITO**

類型：水果愛爾（頂層發酵）
原料：麥芽、啤酒花、柚子皮、
芫荽子
內容量：330ml
酒精濃度：5.0%
生產：A.J.I. BEER INC.

口感
香味　　　　醇厚
苦味　　　　酸味
甜味

　　大部分的人都認為啤酒職人是男性，
其實箕面啤酒是由女性，而且是姊妹來擔
任釀酒工作的。三姊妹的父親原本是酒
商，他選擇了大阪北部的箕面市作為釀酒
的根據地。

　　因為是女性釀酒師，所以具有注意細
節的特質。為了在喝完啤酒之後不會脹
氣，所以減少氣泡就是一例。香氣和風味
等纖細部分也都十分講究。通常煮沸和沉

澱會在同一個大鍋進行，但箕面啤酒為了
帶出啤酒花的香氣，所以使用舊式的雙層
鍋來釀製。

　　在「國產桃小麥」和使用當地產柚子
的「柚子HO和ITO」等適合女性飲用的
啤酒之外，也有強調啤酒花，適合男性飲
用的「W-IPA」。在大阪市內經營的直
營店Beer Belly，提供了能品嘗到啤酒真
正風味的桶內熟成啤酒。

## 每晚都想要品嘗的精釀啤酒基本款
# Yo-Ho Brewing
（長野縣）

Yona Yona Ale

**LABEL**
包裝的設計給人一種想
要慢慢品味的印象。

〈主要酒款〉
· 東京Black
· 印度青鬼
· 星期三的貓

**香氣** 氣味●讓人想起葡萄
柚的果香。香味啤酒
花是100% Cascade
啤酒花。
風味●稍強的苦味。
也有麥芽感，兼有苦
味與甜味。

**外觀** 有淺色愛爾風格的
琥珀色。泡沫非常綿
密，持久性高。

**酒體** 中等。輕重恰到好
處，呈現絕妙的口
感。因為是自然發泡
所以很順口。

**（DATA）**
**Yona Yona Ale**
類型：美式淺色愛爾
（頂層發酵）
原料：麥芽、啤酒花
內容量：350ml
酒精濃度：5.5%
生產：Yo-Ho
Brewing

在日本也相當有名的愛爾啤酒Yona
Yona Ale。使用冷泡啤酒花技術讓
Cascade啤酒花散發出芬芳的柑橘香氣。
雖然強調啤酒花的個性，但也兼具麥芽
香甜。是每晚都想喝上一瓶的啤酒。

## 將在地啤酒的美味拓展至全世界
# 銀河高原啤酒
（岩手縣）

小麥啤酒

**LABEL**
説到銀河高原，就會想起星空
下的糜鹿。充滿羅曼蒂克的世
界觀，光是看就覺得開心。

〈主要酒款〉
· Weizen Beer
· Pale Ale

**香氣** 氣味●酵母本身散發
濃郁香蕉香，也有來
自小麥的麵包香氣。
風味●能感受到小麥
啤酒獨特的酸味，還
有溫和的麥芽香。

**外觀** 受到未經過濾的酵母
影響，呈現混濁的金
黃色。

**酒體** 中等。風味香醇卻能
讓人一口接一口。喝
啤酒時的第一杯。

**（DATA）**
**小麥啤酒**
類型：酵母小麥啤酒
（頂層發酵）
原料：麥芽、啤酒花
內容量：350ml
酒精濃度：5.0%
生產：銀河高原啤酒

招牌的「小麥啤酒」並不是刻意釀製
適合日本人的口味，而是直接表現出正
統德國風格的獨特個性。

未經過濾、自然取向的正統小麥啤
酒，保留了啤酒的香醇和甘甜，所以獲
得了許多支持者。

# 日本在地啤酒的版圖

## 東日本篇

從第一款在地啤酒Echigo開始,東日本的啤酒廠對於釀製工法的堅持,自草創時期開始一直持續至今。下面要介紹幾款獨具特色的美味啤酒。

**A** 新潟
### Echigo Beer
### 紅愛爾
(Echigo Beer)

將多種麥芽搭配組合,呈現出完美的紅色。來自美國產啤酒花的果香以及舒服的苦味,酒體中等的愛爾啤酒。

**B** 長野
### OH!LA!HO BEER
### Kölsh
(信州東御市振興公社)

在德國科隆才能釀製的Kölsch,香氣跟白酒相似。OH!LA!HO的Kölsch風味清新,口感清爽,讓人想要一直喝下去。

**C** 秋田
### AqulaBier
### 櫻花酵母小麥啤酒
(Aqula)

使用秋田縣開發的櫻花天然酵母和愛爾酵母釀製的啤酒。淡淡的香氣和來自小麥麥芽的清爽口感為其特色。

**D** 長野
### 志賀高原啤酒
### IPA
(玉村本店)

長野縣自豪的實力派啤酒廠的招牌酒款IPA。香味啤酒花帶來強烈的衝擊,但跟麥芽又十分平衡,所以給人高雅的感覺。

**C** 秋田

**A** ● 新潟
Swan Lake Beer (P.142)

栃木

**I** 茨城

**D**
**B** ● 長野
YO-HO BREWING (p.147)

● 埼玉
COEDO啤酒 (P.143)

**J** 山梨

Tokyo

● 神奈川
Sankt Gallen (p.144)

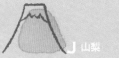

● 靜岡
Baird Beer (p.145)

**H** 北海道

● 岩手
銀河高原啤酒 (p.147)

**E**

**E** 岩手
岩手蔵啤酒
**Japanese**
藥草愛爾山椒
（世嬉一酒造）

以歐洲相當普遍的，放了藥草的啤酒為發想，使用當地一之關產的山椒粒釀製。散發山椒香味的季節限定啤酒。

**H** 北海道
**North Island Beer**
棕色愛爾啤酒
（SOC 啤酒廠）

使用烘焙過的麥芽釀製，來自英國的棕色愛爾啤酒。North Island啤酒因為使用了美國啤酒花，所以散發出柑橘系華麗香氣為其特色。

**F** 栃木
羅曼蒂克村
餃子浪漫
（羅曼蒂克村精釀啤酒廠）

和宇都宮餃子會共同開發的「適合跟餃子一起享用的啤酒」。類型是能感受到酒體的梅爾森啤酒，能品嘗到麥芽原本的香氣而獲好評，今年邁入10周年。

**I** 茨城
常陸野 Nest 啤酒
白愛爾
（木內酒造）

使用肉豆蔻和芫荽子等辛香料作為副材料。來自小麥的溫和酸味是其特色。在國外也相當受歡迎，所以出口數量也不少。

**G** 神奈川
湘南啤酒
黑啤酒
（熊澤酒造）

不少人以為顏色深的啤酒風味也會比較濃烈，但Schwarz是拉格啤酒，風味比較清爽。此款啤酒能夠同時品嘗到麥芽的甜味和苦味，令人開心。

**J** 山梨
富士櫻高原麥酒
煙燻啤酒
（富士觀光開發）

德國班貝格特產的煙燻啤酒散發出濃烈的煙燻香。最近幾年，富士櫻的煙燻啤酒在國際大會獲得金牌等獎項，實力廣獲認可。

沖繩

**A** 島根
### 松江啤酒Hearn
### 緣結麥酒司陶特
（島根啤酒）

Bier Hearn帶些許苦味，
是風味香醇的司陶特。以
使用乳糖的傳統「牛奶司
陶特」製法，釀製出有著滑
順口感的啤酒。

**B** 香川
### 讚岐啤酒
### Super Alt
（香川啤酒廠）

誕生於德國杜塞道夫的啤
酒類型，ALT。酒精度稍
高約6.5%，具有來自麥
芽的焦糖香和恰到好處的
苦味。

**C** 福岡
### Brewmaster Amaou
### Noble Sweet
（K'S Brewing Company）

奢侈使用大量福岡產高級
草莓「Amaou」的水果
啤酒。新鮮且高雅的甜受
到女性喜愛。最後能感受
到淡淡的苦味。

**D** 鹿兒島
### 薩摩gold
（薩摩酒造）

以燒酒也有使用的黃金
千貫地瓜作為材料，釀
製出具獨特個性的皮爾
森啤酒。倒入杯中，能
馬上聞到地瓜燒酒的香
氣。喝起來清爽。

**E**

**E** 沖繩
### 石垣島在地啤酒
### Marine啤酒
（石垣島啤酒）

日本最南端的精釀啤酒，
是石垣島的Marine，屬於
淺色啤酒。減少啤酒花的
苦，強調麥芽風味的拉格
啤酒。

**F** 廣島
### 吳啤酒
### 大麥酒
（吳啤酒）

如葡萄乾的芳醇香氣讓人
印象深刻，酒精濃度9.0%
的大麥酒。不要冰太冷，慢
慢地品嘗，適合最後飲用。

A 島根

F 廣島

C 福岡

G 宮崎

**G** 宮崎
### 宮崎hideji Beer
### 宮崎芒果拉格
（宮崎hideji Beer）

使用從芒果皮提煉的酵母
以及果肉，是宮崎限定的
拉格啤酒。能感受到香醇
的水果香。來自啤酒花的
苦味較不明顯。

D 鹿兒島

# 日本在地啤酒
# 的版圖

## 西日本篇

使用當地特產及水等豐富的自然資源
來釀製啤酒。嚴選出一款讓你想要
前往當地去品嘗的啤酒。

**H** 鳥取

**K** 愛知

● 大阪
箕面啤酒 (p.146)

*Osaka*

**J** 三重

**B** 香川

**I** 和歌山

**H** 鳥取
### 大山G啤酒
### 皮爾森啤酒
（久米櫻麥酒）

使用人稱日本四大名山，中
國地方引以為傲的大山清
冽流水釀製。能夠從這款
皮爾森啤酒體會到使用優
良水源的重要性。

**J** 三重
### 伊勢角屋
### 淺色愛爾
（伊勢角屋麥酒）

可說是淺色愛爾的範本，
來自啤酒花的果香，風味
具有層次感。推薦給第一
次嘗試精釀啤酒的人。

**I** 和歌山
### Nagisa啤酒
### 美式小麥啤酒
（Nagisa啤酒）

美式小麥啤酒比起使用大
量小麥的德式小麥啤酒，
口感更為輕盈，容易入口。
讓人想在太陽季節中，在
海邊品嘗的一款啤酒。

**K** 愛知
### 盛田金鯱啤酒
### 名古屋紅味噌拉格
（盛田金鯱啤酒）

以愛知縣名產黃豆味噌作
為原料，頗受歡迎的在地啤
酒。絲毫不去強調紅味噌，
反而是有所壓抑，這樣才能
跟麥芽取得平衡。

151

# 人氣直線上升！
# 日本精釀啤酒祭

近年來，精釀啤酒逐漸受到大家的歡迎，
因此啤酒活動也逐漸增加。活動內容相當
多樣化，能享受到不同的樂趣。

### 在誕生地喝上新鮮的一杯
## Sankt Gallen啤酒廠開放日
（神奈川）

厚木的Sankt Gallen每年夏天都會
舉辦一次相當有趣的祭典。如名稱
所示，是開放啤酒廠供民眾參觀的活
動。不但能享受烤肉等料理，也能跟
啤酒廠的成員交流。

🖥 http://www.sanktgallenbrewery.com/

### 日本最大規模的精釀啤酒節
## 櫸木廣場啤酒祭（埼玉）

每年會在春、秋舉辦，將埼玉新都心
的櫸木廣場裝飾成啤酒迷的樂園。來自全
國各地的實力派啤酒廠在此集合，到處都
是小攤子。食物種類豐富，從招牌下酒菜
到鄉土料理，另外也有德國菜和正統中國
菜。因此能讓手中的啤酒類型和各種菜色
做出各式各樣的搭配。雖然座位有限，但
櫸木廣場非常寬廣，所以請放心，只要帶
著野餐墊就有地方可席地而坐。請邊享受
和風的吹拂，一邊品嚐品質優良的精釀啤
酒吧！

🖥 http://www.beerkeyaki.jp/

### 能試喝超過一百款的啤酒
## Japan Beer Festival
（東京、大阪、名古屋、橫濱）

對於希望盡可能喝到多款啤酒的人，推
薦在東京、大阪、名古屋、橫濱四個城市
舉辦的Japan Beer Festival。主辦單位會
給每位入場者50ml的杯子，可自由試喝
遠超過100種以上的啤酒。

🖥 http://www.beertaster.org/

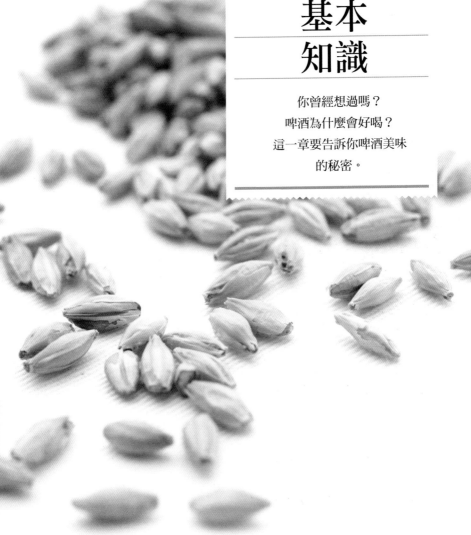

# PART 2

# 啤酒的
# 基本
# 知識

你曾經想過嗎？
啤酒為什麼會好喝？
這一章要告訴你啤酒美味
的秘密。

# 啤酒的歷史
## BEER HISTORY

## 古代

### 〈啤酒的誕生〉

關於釀製啤酒的紀錄，最遠可追溯至西元前3000年，美索不達米亞的蘇美人所留下的Monument bleu（釀酒紀念碑）。當時的啤酒稱為Sikaru，是將用麥芽粉烘焙出的啤酒麵包碾碎後拌入水中，再以野生酵母自然發酵而成。不論是美索不達米亞文明或埃及文明，都是在文字發明之前就有啤酒了，並不清楚何者才是發源地。

### 〈日耳曼民族大遷徙以及啤酒圈的擴大〉

對喜歡舉辦宴會的古代日耳曼人來說，啤酒成為必需品。它們將碾碎的麥芽直接放進鍋中熬煮成麥汁，然後讓它自然發酵變成啤酒。從不使用啤酒麵包釀製的這一點來看，跟現代的釀製方法相同。對熱愛葡萄酒的羅馬人來說，啤酒是粗俗的飲料，但因為4世紀後半日耳曼民族進行了大規模的遷移，讓啤酒遍布整個歐洲。

## 中世紀

### 〈基督教傳教與啤酒的關係〉

8世紀後半，查理曼大帝統一了因日耳曼民族大遷移而混亂的西歐，他在征服的土地上興建了教會和修道院，積極宣揚基督教。此時，莊園及修道院根據國家所頒訂的莊園令，必須履行釀製葡萄酒或啤酒的義務，可見啤酒和葡萄酒居於同等的地位。在修道院，啤酒是提供巡禮或斷食修行者營養的重要飲品，所以也稱為「液體麵包」。

### 〈從藥草到啤酒花〉

中世紀的啤酒以各種藥草調配成的Gruit防止腐壞和增添香味，而這種製法被嚴格保密，必須得到施政者同意，獲得Gruit特許權後才能製造。雖然為了保護此權利，而禁止使用啤酒花，但以漢堡等因漢薩同盟而啤酒出口有所成長的都市為中心，啤酒花自14世紀起再度被使用。香味芬芳，泡沫持久，並且具有極佳抗菌澄清功用的啤酒花，慢慢成為了主流。

### 〈純酒令〉

1516年，為了讓啤酒品質安定，巴伐利亞公爵威廉四世頒布「啤酒的原料只能有大麥麥芽、啤酒花和水」的純酒令。1906年，追加了酵母，對提升啤酒品質相當有幫助。這是世界最古老的食品品質保證法規，直到現在，德國國內原則上還是遵守此純酒令。

自美索不達米亞開始，啤酒已經有5000年的歷史。在歐洲開枝散葉，現在飲用習慣已遍布全球。接下來要介紹啤酒製法以及原料等的演變過程。

## 近代～現代

### 〈拉格啤酒登場〉

為了預防腐壞，所以中世紀時會選擇在冬天釀製。通常酵母在溫度低於攝氏13度的環境下是無法發酵的，但曾經發現15世紀在巴伐利亞有過低溫發酵的案例，於是產生了將天然冰和啤酒一起放進洞窟儲存到春天的方法（Lager）。這個時期雖說已經開始使用底層發酵的酵母，但其實在一開始，啤酒或許是由於儲藏方式不同，造成發酵結果差異的。直到19世紀後半，細菌學家巴斯德才發現了酵母的差異性。而將底層發酵酵母帶到捷克皮爾森的是約瑟夫·古羅爾，這促使了1842年金黃色皮爾森啤酒的誕生。

### 〈便宜而且隨時隨地都能享受到〉

19世紀，「近代啤酒的三大發明」出現了。第一個發明是1873年，林德的「氨氣冷凍機」。過去只能在冬季進行的啤酒釀造，因此全年都可進行了。第二項發明是巴斯德的「低溫消毒法」。1876年發表可應用於啤酒之後，讓保存期限延長，輸送範圍擴大。第三項是在1883年，由嘉士伯研究所的漢生發明的「純種培養」。純種酵母有助於大量生產品質穩定的啤酒，這樣能壓低啤酒的價格，讓它成為更大眾化的飲料。

### 〈重新發掘比利時啤酒〉

拉格成了世界啤酒的主流。但另一方面，1977年英國啤酒評論家麥可·傑克森出版的《The World Guide to Beer》，介紹了傳統且獨具特色的比利時啤酒的魅力。重新發掘富於多樣性的比利時啤酒，對推廣桶內熟成啤酒的英國CAMRA和美國、日本的精釀啤酒帶來相當大的影響。

### 〈持續成長的啤酒市場〉

全世界的啤酒製造量已連續26年逐年增加，目前已達到185百萬公秉（2013年）。而其中有一半以上是由擁有百威的安海斯－布希英博集團，以及南非米勒、海尼根、嘉士伯這四大公司生產的。這些主力商品的風味不會太過強烈，後味也不明顯，都是屬於輕盈的國際皮爾森啤酒類型。世界第一的啤酒生產國是中國，而巴西和越南等經濟成長中的新興國家，啤酒生產量也持續增加中。

# 啤酒的歷史
## BEER HISTORY

## 日本啤酒的創立時期

### 〈日本人和啤酒的邂逅〉

文獻中，啤酒初次出現是在1724年，江戶幕府第8代將軍德川吉宗時代。當時的荷語翻譯官、金村市兵衛和名村五兵衛在刊行的《和蘭問答》中，寫了「試喝過麥酒之後，覺得它真是個奇怪的東西，一點味道都沒有。而它叫做Hiiru」。據說第一位釀製啤酒的是幕末的蘭學學者，川本幸民。幸民的譯作《化學新書》是將德國農業化學著作《Die Schule der Chemie》的荷蘭語版譯為日文的產物。裡面寫有底層發酵和頂層發酵等釀造工法和程序。他應該是藉由實際實驗、製作做進一步的理解，然後再將它運用在啤酒釀製。

### 〈開始啤酒的商業生產〉

國內第一間啤酒廠是1869年，在橫濱創立的日本啤酒廠，但沒多久就停業了。隔年的1870年，美國人科普蘭在橫濱山手123號創立了Spring Valley啤酒廠。以住在東京和橫濱的外國人，以及了解啤酒風味的日本人為對象，開始販售啤酒。是第一家成功將啤酒作為商品販售的啤酒廠。品質優良獲得好評，銷售通路拓展至長崎、上海、胡志明市，但是在1884年倒閉。Thomas Bloke Glover在酒廠舊址成立了Japan Brewery Company，在1885年，開始販售「麒麟啤酒」。此時，日本的股東只有三菱財團的岩崎彌之助而已。

1876年，開拓使麥酒釀造廠在札幌設立。聘請在德國學到釀酒技術的中川清兵衛，然後開始生產。隔年，底層發酵的「三寶樂啤酒」開始在市面販售。東京則在1890年開始販售「惠比壽啤酒」。兩個月之後，在第3次內國勸業博覽會上，在國內83種酒款中，獲得「最佳」的評價。在大阪，則是聘請了在維恩雪弗中央農學校學習釀造學的生田秀擔任技術長，在92年開始銷售「朝日啤酒」。

堪稱日本企業興盛期的明治20年代（1887－），全國各地誕生了許多小規模的啤酒廠。大多數的啤酒廠釀製在常溫發酵的愛爾啤酒。但當時的啤酒市場規模很小，所以需求量相當少，大部分的小型啤酒廠在經營幾年之後就停業了。另一方面，上面提到的四家啤酒公司釀製了德國風格、具清爽口感的底層發酵啤酒。此類型為日本人所接受，市場規模逐漸擴大。

難喝！

日本啤酒的歷史是在進入明治時期之後開始，約有150年的時間。從世界啤酒史來看，歷史尚淺，但為何飲用習慣已遍及全日本了呢？讓我們來探究一下它的背景。

## 發展期

### 〈啤酒業界的競爭白熱化〉

持續至今的四大品牌麒麟（Japan Brewery Company）、三寶樂（札幌麥酒）、惠比壽（日本麥酒）、朝日（大阪麥酒）的成長過程中，經營日漸困難的中小企業逐一停業。總數一度超過100間的啤酒廠，到了1901年，開始徵收啤酒稅的時候，已經減少至20間左右。

1903年，札幌麥酒將版圖拓展到了東京（設立東京廠），使得啤酒業界的競爭更加激烈。在處於苦境的日本麥酒馬越恭平的呼籲下，日本麥酒、札幌麥酒、大阪麥酒3家啤酒廠在1906年合併。成立了國內市佔率70%，日本最大的啤酒公司：大日本麥酒株式會社。留下3個既存品牌繼續販賣的結果，構成了東日本是三寶樂，關東是惠比壽，而西日本則是朝日的啤酒版圖。

### 〈啤酒進入家庭〉

正值第二次世界大戰的1940年，因為以確保食材為優先，清酒減產40%，啤酒則因減少副原料的稻米使用量，產量減少15%。到了6月，啤酒實施配給制。戰前的啤酒販售以都市為中心，但此配給制讓啤酒遍布日本全國，導致戰後啤酒消費層擴大。加上高度的經濟成長，使得冰箱在昭和30年代（1955年－）逐漸普及，一般民眾在家裡就可喝到冰涼的啤酒，啤酒的製造量也因此迅速攀升。

## 現代

### 〈熱處理啤酒vs.生啤酒〉

戰後的啤酒業界，加入了麒麟麥酒，以及從大日本麥酒分割出來的日本麥酒、朝日麥酒這三家，1959年加入了Orion啤酒，而1963年三得利加入，維持此狀態直到今日。

相對於麒麟麥酒以經過熱處理的「麒麟拉格」佔國內市佔率的六成以上，三得利以1967年的「三得利純生」，朝日麥酒在1968年以「朝日本生」，三寶樂啤酒（從日本麥酒改名）在1977年以「三寶樂瓶生」以及生啤予以對抗，開始滲透到消費層。其後，各家公司也開發了小型酒桶等新容器，及風味多樣化的商品。其中朝日麥酒在1987年銷售的「超爽」留下輝煌的銷售紀錄，使得生啤酒比率成長至50%。

1994年，因為酒類製造許可的申請變得比較寬鬆，於是微型啤酒廠如雨後春筍般成立，掀起了一股「在地啤酒」風潮。

### 〈發泡酒和第三啤酒登場〉

在1990年代初的經濟泡沫化時期，1994年酒稅增加時大型超市宣布啤酒價格降低，於是開始了低價競爭。同一年，三得利發行因低稅率而得以低價販售的發泡酒「HOP'S」，成為發泡酒市場成型的起點。但發泡酒在10年內增稅了兩次。於是在2003年，三寶樂啤酒使用了豌豆澱粉，推出新類型的「Draft One」。因為更低的稅率及價格，讓它更受歡迎，而其他各公司也紛紛加入。第三啤酒市場就此誕生。

# 啤酒原料
## BEER MATERIAL

按照日本的酒稅法，麥芽、啤酒花、水以及其他政府規定的物品為啤酒的原料。
接下來要詳細介紹各種原料。

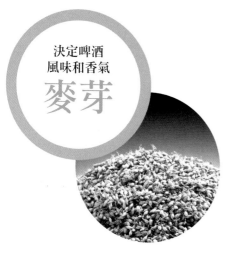

決定啤酒
風味和香氣
## 麥芽

麥芽就是指發芽的麥子。讓麥子變成麥芽的目的，是為了製造能將麥子含有的澱粉和蛋白質分解成糖和胺基酸的酵素。

糖會被酵母攝取分解，然後轉換成酒精和二氧化碳。而胺基酸是酵母存活所需的營養成分。酵母無法直接攝取澱粉和蛋白質，所以釀製啤酒需要麥子變成麥芽時產生的酵素。

麥芽也會影響到啤酒的風味和香氣。為了讓啤酒顏色更加豐富，所以有時會使用麥芽當中的「著色麥芽」，能夠釀製出褐色和黑色啤酒等不同顏色的啤酒。

## 主要的麥芽種類

我們要介紹許多啤酒使用的基本麥芽，
以及能釀製出各種顏色的著色麥芽在內的6種麥芽。

### 淺色麥芽
基本麥芽。經過長時間的低溫乾燥，大部分的啤酒都會使用。

### 小麥麥芽
含豐富蛋白質，具有讓啤酒變白濁的作用。也能讓啤酒泡沫持久。

### 維也納麥芽
著色麥芽。乾燥的溫度要比淺色麥芽的高一些。帶點紅色，散發出堅果的香氣為其特徵。

### 焦糖麥芽
著色麥芽。讓麥芽在內含水分熬煮後再乾燥而成。能釀製出有濃郁焦糖香及甜味的啤酒。

### 巧克力麥芽
著色麥芽。如字面意思，有巧克力般的顏色。跟維也納麥芽一樣，散發出堅果的香氣。

### 黑麥芽
著色麥芽。高溫烘焙至焦黑。有些會帶著煙燻氣息，使用於司陶特等黑啤酒的釀製。

## 啤酒花

**帶來舒服的苦味和香氣**

啤酒花是雌雄蕊異株的攀緣植物。收成時期會長高至7公尺左右。啤酒花的作用是讓啤酒產生特有的苦味和清爽的香氣。釀製啤酒時，主要使用未受精的雌株的花。而這稱為「毬花」。能讓啤酒產生特有的苦味和香氣的成分，就在毬果裡稱為「蛇麻腺體」的器官中。

啤酒花的成分能幫助啤酒泡沫形成，讓泡沫持久，另外也具有殺菌作用。啤酒花所含的多酚跟蛋白質結合沉澱後，能讓啤酒變清澈。

啤酒花種類和特徵

按照釀製評價，啤酒花大致可區分成三個種類。
不屬於這三種的，歸類到「其他」。

| 種類 | 特徵（香味） | 主要種類 | 主要類型 |
|------|-------------|----------|----------|
| 香醇啤酒花 | 和香味啤酒花與苦味啤酒花相比，香氣較為高雅纖細。 | Saatz（捷克）、Tettnanger（德國） | 皮爾森啤酒、黑啤酒等。 |
| 香味啤酒花 | 和香醇啤酒花相比，香味較為濃烈。 | Hallertau Tradition、Perle（德國）、Cascade（美國） | 德式皮爾森啤酒、勃克、小麥啤酒等。 |
| 苦味啤酒花 | 和香醇啤酒花與香味啤酒花相比，苦味較重。 | Magnum、Herkules（德國）、Nugget、Columbus（美國） | 愛爾系、司陶特等。 |
| 其他 | 不屬於上面各類型。 | 信州早生（日本）、Nelson Sauvin（紐西蘭）、Citra（美國） | 淺色愛爾、多特蒙德啤酒等。 |

※在釀製程序中，有時候會使用好幾種的啤酒花，所以並不是「類型＝100%特定的啤酒花」。

# 啤酒原料
## BEER MATERIAL

水質不同
啤酒特徵
也就不同

水

啤酒有九成以上的原料是水。釀製啤酒最好選擇含適當的鈣和鎂等礦物質成分的水。而表示水中所含鈣和鎂總濃度的，就是水的硬度。總濃度高的稱為硬水，而濃度低的稱為軟水。一般來說，深色啤酒適合使用硬水，而淡色啤酒最好選擇軟水。

土地改變水質也會跟著變。水質的差異會賦予啤酒不同的個性。像淺色愛爾是使用特倫河畔的伯頓鎮的硬水釀製，所以才會產生豐富的風味，而皮爾森啤酒也是因為使用了皮爾森的軟水，所以風味才會清爽且溫和。

硬水

**主要類型**
· 淺色愛爾
· 深色拉格

含豐富鈣和鎂等礦物質的水。具讓啤酒顏色變深，以及風味變醇厚的作用。因慕尼黑的水質屬於硬水，所以在慕尼黑等地方能生產風味醇厚的深色啤酒。

軟水

**主要類型**
· 皮爾森啤酒
· 淡拉格

鈣和鎂等礦物質成分較少的水。具讓啤酒顏色淺，以及味道變銳利的作用。日本的水質大多都是軟水，所以適合大部分酒廠釀製的皮爾森啤酒使用。

**礦物質對啤酒的影響**

| 德國硬度（°dH） | 水質 | 有名的啤酒產地 |
| --- | --- | --- |
| 0～4 | 強軟水 | 皮爾森 |
| 4～8 | 軟水 | 日本 |
| 12～18 | 中硬水 | 慕尼黑 |
| 30以上 | 強硬水 | 維也納 |

※

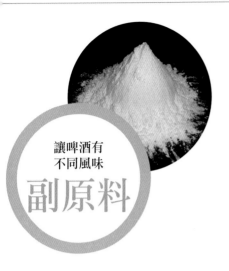

## 讓啤酒有
## 不同風味
# 副原料

## 區分
## 愛爾和拉格
# 酵母

在日本，酒稅法將用來當作啤酒副原料的玉米、稻米等食材，以「麥子之外，其他政府規定的物品」來定義（參照下面）。

副原料主要是用來調整啤酒的風味。使用副原料就必須減少麥芽的使用量，所以釀製出的啤酒風味就會比較輕盈。而按照副原料的種類和比率的不同，釀製出的啤酒也會產生獨特的風味。

### 酒稅法規定可使用在啤酒的副原料
- 麥（大麥之外，小麥和裸麥等）
- 米
- 玉米
- 澱粉（馬鈴薯澱粉、玉米澱粉等）
- 糖類（玉米糖漿等）
- 著色劑（焦糖）
- 苦味劑（iso-α酸、咖啡因萃取物、啤酒花萃取物等）

使用於啤酒釀製的酵母是直徑5～10微米的微生物，大致可分成頂層發酵酵母和底層發酵酵母兩種。

酵母能將糖分解，形成酒精和二氧化碳。因此在釀造作為含氣泡酒類的啤酒時，扮演非常重要的角色。根據使用酵母的不同，啤酒的香氣和風味也會產生不同的特色。啤酒商通常都會準備數百至數千種酵母，然後選擇出最適合啤酒類型的酵母。

### 頂層（愛爾）發酵酵母

發酵溫度在15～25度。發酵期間為較短的3～5天。副產物非常豐富，像是會產生近似香蕉果香的酯類。風味具有層次感。發酵時表面會產生冒泡的酵母層。

### 底層（拉格）發酵酵母

發酵溫度約10度。發酵期間是較長的6～10天。喝起來爽口。酵母會沉在發酵桶底部。頂層發酵酵母在西元前6000年即已被應用，而底層發酵酵母則是在15世紀才被應用，歷史較短。

# 啤酒的
# 製造工程
## BEER MANUFACTURING PROCESS

要將麥子釀製成啤酒需要經過許多程序。
下面我們會逐步介紹釀製啤酒的步驟。

## 釀製啤酒的主要程序

釀製啤酒從把麥子變成麥芽開始，
一直到裝入容器為止，大概要經過六道程序。

### 1 發麥程序

讓大麥發芽，製作啤酒主要原料麥芽的過程。製麥工程分成提供讓麥子發芽和成長所需的水分的浸麥工程，讓麥變成麥芽的發芽工程，及乾燥讓麥芽停止成長，使麥芽保存性提高的焙燥工程三個步驟。

### 2 麥汁製備程序

以原料製作富含酵母所需的糖和胺基酸的麥汁。首先將碾碎的麥芽和副原料與水混合後變成粥狀，這個狀態稱為麥醪（mash）。麥醪中的麥芽酵素會發揮作用，將澱粉分解成糖和胺基酸。將澱粉分解成糖的酵素稱為澱粉酶，將蛋白質分解成胺基酸的酵素稱為蛋白酶。之後經過過濾將固體成分去除。剩下的汁液稱為「麥汁」。把啤酒花放進麥汁後煮沸，賦予啤酒特有的苦味和香氣。最後再冷卻到適合酵母作用的溫度。

### 3 發酵程序

麥汁因發酵而轉化成啤酒的程序。因酵母發酵使得麥汁中的糖轉為酒精和二氧化碳。胺基酸則是酵母活動的營養來源。

### 4 熟成（後發酵／二次發酵）

結束發酵之後的啤酒稱為「青啤酒」。而將「青啤酒」變熟的就是熟成程序。經過熟成之後，青啤酒原本難聞的氣味會消失。另外，低溫熟成能讓風味更溫順。

### 5 過濾或熱處理

為了防止熟成後的啤酒品質產生變化，所以會透過過濾去除酵母，或者是加熱讓酵母停止活動。

### 6 包裝

一般來說，啤酒都是以「瓶裝」、「罐裝」和「桶裝」包裝出貨的。

# 1 發麥程序

### 浸麥促使發芽，讓麥子變成麥芽

　　將麥子放入水中，提供發芽和生長需要的水分，這就叫做「浸麥」。麥在浸麥過程中仍會繼續呼吸，所以必須交替進行浸水與送氣以提供氧氣。浸麥通常會在水溫15度C的水中進行兩天。

　　接著將麥子移動到常保15度C左右的發芽室，讓它繼續發芽。在發芽過程中，能分解澱粉和蛋白質的酵素會生成。在此之後，為了讓發芽的麥子停止成長，以提高保存性，所以會烘乾麥芽。而此工程稱為「焙燥」。

**製作能調整啤酒顏色的著色麥芽**

## 焙燥

以熱風乾燥麥芽的程序。低溫（85～100度C）會製成淡色麥芽，而高溫（160～220度C）則會製成深色麥芽。急速加熱會破壞麥芽中的酵素，所以要從低溫開始慢慢加溫。

## 焙煎（烘烤）

使用在深色啤酒的焦糖麥芽、巧克力麥芽、黑麥芽等是經過烘焙機焙煎而成的。只要善加使用經焙煎過的著色麥芽，就能釀製出褐色或黑色等各種顏色的啤酒了。

# 2 麥汁製備程序

### 製作富含糖類和胺基酸的麥汁

## 1.碾碎麥芽

以滾筒式粉碎機來碾碎麥芽。因為碾碎成細粉，所以能更有效率地將澱粉分解成糖。但要是碾得太細，之後在進行過濾工程時可能會塞住濾網，而且麥芽皮含有的單寧會溶解過多，造成啤酒刺喉有澀味。碾碎麥芽時，最好是能碾成穀皮粗，穀粒細的狀態。

## 2.糖化

碾碎後的麥芽和溫水混合成粥狀的麥醪。而在麥醪中，麥芽酵素會發揮作用，將澱粉分解成酵母可攝取的糖，蛋白質則被分解成酵母營養源的胺基酸。此程序稱為「糖化」。因為每種酵素都有適合工作的溫度，因此每個階段的溫度都不相同。此程序因加溫的方法不同，大致可分成兩種（請參考次頁的「糖化方法」）。

# 啤酒的製造工程
## BEER MANUFACTURING PROCESS

## 3.過濾麥汁

將麥醪中的固體過濾掉就可取得麥汁。 此時，固體本身會成為過濾器。

## 4.煮沸

將啤酒花加入麥汁中，就會賦予特有的苦味和香氣。 煮沸有助於麥汁的殺菌，並且將難聞的氣味揮發掉。 啤酒花含有幾乎沒有苦味的 α 酸成分，而煮沸之後會轉變成帶有苦味的iso α 酸成分。 因啤酒花品種和使用分量，以及使用時機等的不同，來自啤酒花的香氣和苦味也會產生變化。

## 5.麥汁冷卻

煮沸後的麥汁，去除掉來自啤酒花的固體和蛋白質等凝集物，並且冷卻到適合酵母工作的溫度。

# 3 發酵程序( 主發酵 )

### 製造酒精和二氧化碳

麥汁中的糖被酵母攝取，產生酒精和二氧化碳的就是「發酵」程序。麥汁中需加入讓酵母增殖所需的氧氣，以及酵母。

啤酒的酒精濃度依麥汁所含的糖濃度來決定。糖度越高，酵母分解後所產生的酒精濃度也越高。一般來說，酒精濃度、糖度越高味道會越醇厚，如果偏低則味道會比較清爽。在糖和酒精濃度高的環境，酵母可能會停止生長和發酵，所以需要選擇適合的酵母，並且調整發酵的方法。

〈 糖化方法 〉

### 浸出法

不煮沸麥醪，而是按照每個階段來改變整體的溫度。

### 煮出法

將一部分的麥醪煮沸，然後重新倒回麥醪，讓整體麥醪的溫度上升。

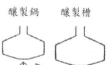

釀製鍋 　 釀製槽

煮沸 　 倒出部分

取出部分麥醪放入釀製鍋中煮沸。

釀製鍋 　 釀製槽

全部放回

放回到釀製槽，讓全部的麥醪溫度上升。

## 啤酒類型和酒精濃度

| 類型 | 度數 | 類型 | 度數 |
| --- | --- | --- | --- |
| 淡拉格 | 3.5～4.4％ | 勃克 | 6.0～7.5％ |
| 皮爾森啤酒 | 4.0～5.0％ | 蘇格蘭烈性愛爾 | 6.2～8.0％ |
| 英式淺色愛爾 | 4.5～5.5％ | 大麥酒 | 7.5～12％ |

## 熟成（後發酵／二次發酵）

### 讓啤酒的風味更具特色

　　剛發酵完的啤酒風味相當粗糙，因帶有青澀的氣味所以稱為「青啤酒」。將它以低溫熟成之後，原本不太好聞的物質就會轉換成別的物質。而另一方面，也會產生能代表酵母果香的酯類等芳香物質。在熟成期間，殘留的糖分等也會繼續發酵，繼續產生二氧化碳。這二氧化碳有助於揮發啤酒中不好聞的氣味，而且會溶於啤酒中，產生爽快的口感，以及特有的氣泡。

 ## 過濾或熱處理

### 為保持啤酒品質而進行的過濾和熱處理

　　完成熟成的啤酒，為了避免品質變化，必須以過濾的方式去除酵母，或者進行熱處理讓酵母停止活動。過濾時，會使用有許多小孔的矽藻土，或孔徑1微米以下的合成樹脂濾網。

 ## 包裝

### 放入瓶、罐、桶商品化

　　瓶裝的話，使用二氧化碳將洗淨的玻璃瓶內空氣排出，呈現加壓狀態後再填裝啤酒。罐裝的話，將製罐公司送來的罐子洗淨後，立即就可填裝。酒桶的話，則是檢查回收的酒桶有無洩漏，洗淨後再填裝。任何一種包裝都要減少啤酒和氧氣的接觸，這樣就能避免因氧化而破壞啤酒品質。

〈熟成時間〉

熟成時間依種類和酵母而異。要是熟成期間過長的話，可能會產生不好的氣味，並且也會影響啤酒泡沫的持久性。

### 頂層發酵

比底層發酵啤酒要短，幾乎不需熟成。

### 底層發酵

約1個月。有時時間會比較短。

## 何謂「生啤酒」？

在日本稱為「生啤酒」的是指「未經過熱處理的啤酒（非熱處理）」。通常會以為餐廳供應的桶裝就是生啤酒，但只要是未經過熱處理的啤酒，不論是以哪種容器來包裝都是「生啤酒」。

# 啤酒美味
# 的秘密
## BEER DELICIOUS POINT

展現啤酒美味的四大關鍵。

色香味以及泡沫，為何啤酒會好喝呢，

讓我們一探究竟。

# *Color*

色

## 顏色是從麥芽而來的

啤酒顏色與麥芽的種類有關。尤其是深色啤酒，是因為使用著色麥芽才會產生特有的顏色。而且製造程序中的「煮沸」所產生的化學反應也會影響啤酒顏色。麥汁煮沸時，因麥汁中的胺基酸和糖類的化學反應而產生的化合物會改變啤酒的顏色。

## 從顏色判斷類型

啤酒有金、白、褐、黑等顏色，而這跟啤酒類型有密切關係。譬如金色啤酒是皮爾森，紅銅色的是維也納。黑色中帶點褐色的是黑啤酒。純黑色的是勃克或司陶特，從顏色就能分辨出啤酒類型。

## 從顏色就知道品質

啤酒因氧化反應而劣化的話，會出現帶點紅的顏色。而且啤酒也會失去透明度，會變得混濁，香味和香氣也會變得不新鮮。在麥汁製備程序中，如果多餘的多酚融入麥汁裡，那麼啤酒的顏色也會帶點紅。這種啤酒的香氣和風味會不協調。可見顏色是辨別品質的重要指標。

## 決定啤酒的風味

啤酒的風味是由味道和香氣相乘效果而產生的。啤酒除了特有的苦味之外，也帶有酸味和甜味。酸味是由發酵時生成的有機酸，而甜味則是沒有被酵母攝取，剩下來的多糖類形成的。此外，在味覺之外，香氣成分也會影響風味。

味

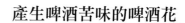

## 產生啤酒苦味的啤酒花

一般來說，啤酒花中的iso α酸含量，會決定苦味的強弱。啤酒的苦味最好不要殘留在舌尖而是會馬上消失比較好。使用香醇啤酒花或香味啤酒花時，能讓啤酒的苦味變得比較高雅。

## 決定品質評價

評價啤酒的品質，是以運用人類五感、稱為「感官檢查」的方式來進行。在品質管理時，一般使用「分析型感官檢查」。分別從①顏色、光澤、泡沫、發泡持久②香氣③味道④餘韻⑤濃醇度⑥苦味的強弱和品質等幾個項目來評價，最後再以整體協調性做出綜合評價。

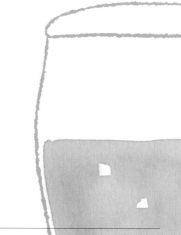

## 啤酒的香氣是？

能表達啤酒香氣的用語有兩個，一個是用
鼻子感受的「氣味」。這是指開瓶後，倒進
杯中時散發的香氣。另一個是將啤酒含在口
裡，從嘴巴擴散到鼻腔的「餘韻」。這兩種
香氣再加上味道，就是我們說的「風味」，
可見對香氣的重視。

*Aroma*

香氣

## 香氣成分有200種以上

啤酒有來自啤酒花等原料的香氣，以
及來自酯類等發酵的香氣，另外還有
經過一段時間後，成分變化所產生的
香氣等。與啤酒香氣有關的成分，目
前已被確定的化合物有200種以上。
啤酒的香氣是由多種成分調和而成
的，如果某種特定成分所佔比例過
高，反而不是太好。

## 香氣的表現和評價

啤酒的香氣是以具體的植物和食品來表
現的。譬如小麥啤酒的香氣會以「類似
丁香和肉豆蔻的酚香，以及香蕉果香般
的酯香」。其他也會以「咖啡的焦香」
和「玫瑰花的芬芳」等，按照啤酒的個
性而以各種詞語來形容。

### 泡沫的強弱及成分

啤酒的泡沫相當持久。泡沫是來自二氧化碳。而強化泡沫的是蛋白質和iso α酸。蛋白質是來自麥芽，iso α酸則是啤酒花的成分。所以大量使用這兩種原料的全麥啤酒，一般來說泡沫會比較豐厚。

*Head*

## 泡沫

### 泡沫的重要性

倒進玻璃杯的泡沫具有隔絕啤酒的二氧化碳和香氣與空氣接觸，避免氧化的作用。如從杯緣的同一處，定量喝下有豐厚啤酒泡沫的啤酒，啤酒杯緣相反的位置，就會出現等間隔的泡沫平行線，這稱為比利時蕾絲、花邊等，是很會喝啤酒的證明。

### 泡沫持久的秘訣來自農田

對於啤酒泡沫的研究之所以有進展，是因為進行了找出能增進啤酒泡沫的麥芽蛋白質的實驗。結果發現有幾種蛋白質能讓泡沫安定。這些研究結果對於培育能讓泡沫持久的大麥很有幫助。

# 啤酒的
# 喝法和溫度
## BEER HOW TO & HEAT

在剛從冰箱取出的啤酒杯裡倒進冰涼的啤酒，
然後一口氣喝下是很美味的，但也有其他品嘗啤酒的方法。
如果買到不錯的啤酒，請務必要嘗試看看！

## 用五感來品嘗啤酒

能真正品嘗到啤酒美味的訣竅，就是投入啤酒的世界。用五感來面對眼前這一杯啤酒，充分感受它的魅力。

最先是「聽覺」。開瓶的時候，或是拔去瓶栓時，會聽到「嘶」的二氧化碳氣音，以及泡沫跳動的聲音。倒進杯中，要讓啤酒表面覆蓋上厚厚的泡沫。這樣能夠適度的去除二氧化碳，帶出啤酒原本的香味。

啤酒倒入杯中後，請用「視覺」來品嘗啤酒。皮爾森啤酒透明的金黃色，漆黑的司陶特與泡沫形成對比。不同類型固然有所不同，但同類型的啤酒泡沫和顏色也會因為容器以及倒啤酒方法的不同而有變化。

舉起杯子，「嗅覺」能感受到香氣，然後再加上「味覺」，就能感受到啤酒的風味了。香氣有啤酒花香、麥芽香、果香等。泡沫的口感，以及在口中的觸感和氣泡的刺激，酒體的強弱都能以「觸感」來感受。為了能以喉嚨來感受啤酒的觸感，最好能抬頭挺胸來品嘗。這樣連喉嚨都能享受到啤酒的美味。

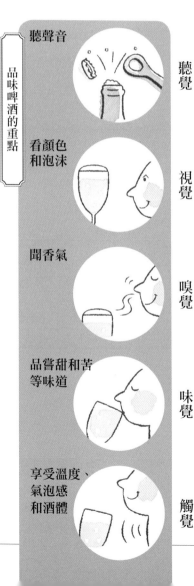

品味啤酒的重點

聽聲音 — 聽覺

看顏色和泡沫 — 視覺

聞香氣 — 嗅覺

品嘗甜和苦等味道 — 味覺

享受溫度、氣泡感和酒體 — 觸覺

## 每種類型都有
## 適合的品嚐溫度

　　要品嘗菜的美味就要「熱的菜要趁熱吃，冷的菜要在冰涼的時候吃」，而想要享受美味啤酒，也有最佳飲用溫度。極端的說，愛爾是常溫，而拉格要比較低溫才會好喝。

　　具香氣的愛爾要小心別太冰了。香氣是揮發性物質，所以溫度越高越容易感受到。頂層發酵的司陶特，勃克、老啤酒、科隆啤酒、小麥啤酒最好是常溫飲用，這樣才能毫無保留地感受到豐富的香氣。

　　其實拉格也不能冰太冰了。啤酒成分可能會凝固或混濁，而且泡沫會無法持久。因此保存時請注意溫度。

　　每一種類型的啤酒都有適當的溫度，如右圖所示。「酒精濃度高的酒款可稍微提高溫度」，做不同的嘗試也不錯。

類型和品嚐溫度

STYLE
拉格
4℃～8℃

STYLE
科隆啤酒
皮爾森啤酒
9℃

STYLE
比利時小麥
白啤酒
10℃

STYLE
小麥啤酒
10℃～12℃

STYLE
比利時
烈性愛爾
10℃～13℃

STYLE
淺色愛爾
棕色愛爾
13℃

STYLE
大麥酒
16℃

〈適當的飲用溫度是？〉

一般來說，拉格放在家裡冰箱冰鎮3～4小時，喝的時候的溫度大概是4～8℃。想快速冷卻的話，可在大型容器裡放入冰塊，然後將啤酒放在裡面冷卻。

想品嘗愛爾和小麥啤酒等啤酒香味的話，就要注意溫度不能太低，用報紙等包住，放在冰箱的保鮮室保存。

# 用啤酒杯品嘗

## BEER GLASS

## 1

### 喝啤酒時最好倒入杯子品嘗

啤酒倒進杯中，讓二氧化碳適當的釋放，啤酒喝起來會更順口。而且也會產生讓啤酒更美味的「泡沫」。啤酒泡沫當作蓋子可預防氧化和香氣消失。倒酒時，只要泡沫豐厚且持久，那麼喝到最後一口都能品嘗到啤酒的美味。

## 2

### 按照啤酒類型選擇杯子

選對杯子可以凸顯啤酒的特色。超過1000種以上的比利時啤酒，大部分都有其專用的杯子，可見他們相當重視杯子的形狀。希望品嘗到每種啤酒類型特色的話，就需要選擇適當的杯子。下面是各種類型代表品牌的杯子。想要選擇適合啤酒類型的杯子時，可以參考看看。

笛型
**皮爾森啤酒**
（Pilsner Urquell）
啤酒花的香氣不會流失，中間圓鼓，杯口小。細長的形狀讓啤酒泡沫看起來更美。

品脫杯
**淺色愛爾**
（Bass Pale Ale）
在英國和美國，杯子的大小和形狀稍有差異。強調香氣的英國杯子約568ml，有鼓起，而強調苦味的美國杯子則是473ml，玻璃較厚。

小麥啤酒杯
**小麥啤酒**
（Weihenstephaner Kristall Weissbier）
500ml是標準量。為了能享受酵母和小麥豐富的香氣，杯口呈鼓起狀。

杯子是發揮啤酒風味的重要因素。
請選擇能提升爽快感、泡沫、香氣和甜味等的啤酒杯吧！

# 3

## 杯子形狀
## 的重要性

在特定酒款的原創杯中，有些並不是依照啤酒類型來設計的。那是因為相較於類型特徵，他們更希望飲用者去感受啤酒的獨特性。杯口較寬的杯子，為的是能品嘗到啤酒的芳醇和香氣。而有腰身的杯子，則是強調豐厚泡沫的美。杯子是按照啤酒的特色來製造的。

# 4

## 正確的
## 清洗杯子

清洗啤酒杯時，最重要的是「使用專用洗碗綿清洗」及「洗好後要自然乾燥」。如果使用清洗碗盤的海綿，那麼油可能會沾到杯子上。洗完之後，若用抹布擦乾水分的話，抹布的毛屑或油脂會附著在杯子上。毛屑和油脂會破壞啤酒泡沫的持久性，所以請使用專用的海綿，然後倒扣杯子，讓它自然乾燥。

細長直線型
**科隆**
（Dom Kolsch）

又稱棒狀杯。因泡沫容易消失，所以設計成一口就能乾杯的200ml小容量。

鬱金香型
**比利時烈性愛爾**
（Duvel）

上面的曲線壓縮泡沫使其結實。從外擴的杯口散發出愛爾風格的華麗香氣。

聖杯型
**嚴規熙篤會啤酒**
（Chimay Blue）

口徑寬，有厚重感的聖杯型。能慢慢享受芳醇的香氣和豐富的味道。

# 各種提供不同享受
# 的啤酒杯
### BEER GLASS

使用不同的啤酒杯就會有不同的樂趣。
有能夠享受活動氣氛的，也有強調啤酒泡沫之美的，
為了品嚐自己最喜歡的啤酒，不妨為自己準備一個特別的杯子吧！

## 寶萊納
## 大型啤酒杯

慕尼黑啤酒節使用
的標準大型啤酒杯。
每年的設計都有些
許不同，也有500ml
容量的慶典用啤酒
杯。

1000ml／
Liquor Asahiya Shop

## Andechs 附蓋啤酒馬克杯

在14世紀頗為流行，為了防止蒼
蠅而設計的附蓋啤酒馬克杯。喝完
後，只要把蓋子打開就表示「再來
一杯」。

500ml／廣島

## Pauwel Kwak啤酒杯

附有木製底座的圓底玻璃杯。
是過去經營民宿和啤酒廠的
Pauwel Kwak，為了前來投
宿的馬夫也能在馬上品嚐啤
酒所設計的一款啤酒杯。

300ml／廣島

## 江戶雕花玻璃杯
## 「晴空塔紋路」一口啤酒杯

以傳統的江戶雕花玻璃製造，繪有
晴空塔骨架的玻璃杯。搭配晴空塔
的照明，生產江戶紫的「雅」和藍
白的「粹」兩種顏色的杯子。

125ml／Hirota-glass

## 起泡山玻璃杯

杯內經過加工，能輕鬆產生綿密的泡沫。杯底有如山狀的突起，只要對準此處將啤酒倒進去，就會產生豐厚的泡沫，鎖住啤酒的風味。
390ml/東洋佐佐木Glass

## Usuhari啤酒杯

杯壁的厚度低於1mm，是以小心翼翼製作的細緻杯口為特色的玻璃杯。以鼓為範本製作出的優美外型，將啤酒緩緩送入口中。
355ml／松德硝子

## 麥可‧傑克森品飲杯

世界級的啤酒評論家，麥可‧傑克森所構思，不論是哪一種類型的啤酒都能使用的萬能啤酒杯。能夠看清楚啤酒顏色，而且還具有鎖住香氣的效果。
400ml／攝影助理私物

## 銅製馬克杯

熱傳導佳的銅製啤酒杯。倒進啤酒後，整個杯子也會跟著變冰涼。因為也具有保冷效果，所以喝到最後都能喝到冰涼的啤酒。
350ml／攝影助理私物

## 備前燒啤酒杯

備前燒表面原本就有的凹凸，能夠產生綿密的啤酒泡。窯烤容器是越使用越有味道。
500ml／攝影助理私物

## 參觀啤酒工廠
# 看看啤酒
# 是怎麼做成的

對全世界的大人來說，釀製出深具魅力飲品的啤酒工廠。是大人才能真正享受的參觀景點，讓我們一起去參觀吧！

啤酒的基本原料是麥芽、啤酒花、水三種。這些原料是如何製造出那麼美味的啤酒呢？為了探究此秘密，讓我們前往使用水鄉日田的名水釀製啤酒的，三寶樂啤酒九州日田工場吧！

住址：大分縣日田市大字高瀨6979
Tel:0973-25-1100(※要預約)
申請參觀時間：8:50~17:00(※年末年始除外)

## 能直接體會新鮮美味的啤酒工廠

**1 能夠了解歷史**

呈現三寶樂啤酒歷史的「懷舊老街」。重現日本第一家啤酒酒廳「惠比壽啤酒廳」及能感受昭和時代氣氛的區域，就像搭乘時光機回到過去。

**2 參觀工廠**

參觀工廠設備的同時，也會介紹啤酒釀製的過程。除了觀看麥汁製備、包裝等程序之外，還可以摸到原料的麥芽和啤酒花，以及看到酵母的圖樣。

**3 品嘗剛釀好的「新鮮」啤酒**

參觀過工廠後，就可以前往能一覽日田市風景的試飲室了，可以品嘗到工廠直送的生啤酒。剛釀好的啤酒，不管是醇度、香氣、苦味都很均衡，可以品嘗到生啤酒的真正面貌。

**4 參觀後，可以吃頓好飯**

工廠內，也設置了「日田森之啤酒花園」。在能一覽日田市街道的山丘上，一邊眺望美景一邊享用美食。也有惠比壽啤酒的試喝組合，可品嘗到各種啤酒。

# PART 3

# 更進一步
# 享受
# 啤酒吧！

啤酒要喝才會有樂趣喔！
以下將介紹在餐廳或家裡
開心享受啤酒美味
的方法。

去喝正統的啤酒吧！

# BEER BAR

# 在啤酒吧
# 享受啤酒

能夠喝到美味啤酒的地方就是啤酒吧！
其他也有啤酒酒館、啤酒小餐館等名稱。
接下來要介紹世界及日本的啤酒吧。

世界上的啤酒吧有好幾種類型。

譬如在英國和愛爾蘭，名為「pub」的酒館就是指啤酒吧。Pub是Public House的簡稱，氣氛就像是附近的公共場所，聚會地點，所以客層以當地熟客為主。點餐和付款方式通常都是付款取餐（在櫃檯點餐，然後付完錢之後取餐）。在英國，如果結伴一起去喝的話，那麼第一杯由其中一個人付全部人的酒錢，第二杯則再由另外一個人來付，大家按照順序請客，等喝完跟人數一樣多的啤酒之後，大家再一起結帳，這稱為輪流買單。以前上流階級的人會坐沙發，勞動階級則坐吧檯，但現在不管坐在哪裡都沒關係了。

在德國和捷克，要是酒杯或啤酒杯空了（就算沒有再點），服務人員就會幫你重新倒一杯。然後在杯墊上畫線，最後從畫了幾條線就可知道喝了幾杯。

所以中途自己換杯墊，會被認為在喝霸王酒，要小心。把杯墊放在啤酒杯上，就表示「不要再倒了」。

要注意的是，美國大部分的店家都是禁菸的，而倫敦的酒吧也都是全面禁菸。即使在日本對啤酒很講究的店家之中，開始禁菸的店也逐漸增加。如果重視啤酒的香氣享受，這麼做也是理所當然的吧。到店家喝啤酒時，避免擦太濃的香水也是禮貌之一。

最近在日本，啤酒吧也逐漸增加了，可以輕鬆前往品嘗。即使是初學者，或是一個人也都能放心前往。啤酒吧絕對不是有許多規範要遵守的地方。這是因為啤酒本來就是要放鬆心情，隨興品嘗的酒。大家一起乾杯，一飲而盡，就能感受愉快的氣氛。這點大概可以說是世界共通的吧！

連空間一起，享受世界的啤酒。

Photo by Fujiwara hiroyuki

# 成為啤酒吧達人
# 的方法

能愉快喝啤酒是最好的。
只要掌握幾個重點就可以做到喔！
介紹幾種在啤酒吧輕鬆喝酒的方法。

## 選店家

啤酒是非常纖細的酒。所以不要
選那些會把整箱啤酒放在太陽底
下，或是啤酒桶放置在高溫處的
店家。生啤酒的話，也要注意生
啤機的清潔是否確實。

## 喝第一杯

還不太習慣啤酒的話，不妨從酒精濃度
低，淡色系啤酒開始，再慢慢挑戰酒精
濃度高，深色系的啤酒。要是一開始就
喝高酒精濃度，或是烘烤感強烈的深色
啤酒，之後再喝其他款啤酒就會喝不出
味道了。所以最好事先想想這一天要喝
幾杯，計畫一下要怎麼點。

點酒例

第一杯推薦
**Pilsner Urquell**
（酒精濃度4.5%，淡色）

第二杯推薦
**Baird Beer**
**Angry Boy Brown Ale**
（酒精濃度7.0%，中深色）

第三杯推薦
**Chimay Blue**
（酒精濃度9.0%，深色）

## 啤酒的喝法

一鼓作氣喝完並不是品嘗啤酒美味的方法。啤酒並不只是用來解渴,而是要用五感來享受的酒。以視覺來享受色澤和透明感以及泡沫的美,用嗅覺來感受香氣,味覺則是品嘗它的味道,喉嚨則是觸覺。刺激聽覺的是倒入杯中的聲音,以及氣泡跳動的聲音,只有用五感慢慢去體會,才是正確享受啤酒的方法。

## 沉浸在對話中

和其他客人或店裡服務人員聊聊天,也是喝啤酒的樂趣之一,但是遵守禮儀也很重要。要是纏著散發出「我想一個人喝」氣氛的人說話,或是打擾男女朋友談情說愛都是NG的。當然也不要批評其他客人正在喝的啤酒。如果是第一次去,那麼可以聽聽服務人員的建議。說不定能聽到有趣的話呢!

## 習慣後可坐到吧檯的位置

如果是當地人常去的英國酒吧,那麼可能有一些常客習慣坐的位置。日本也有不少以熟客為主的店,所以也要注意。特別是吧檯,因為可以跟老闆聊天,並看他招待客人,所以是相當受歡迎的位置。真的很想嘗試坐在吧檯的感覺的話,那麼請不要忘記開口問一聲:「請問可以坐這裡嗎?」試著坐吧檯的位置吧!

# 挑選適合啤酒的菜

BEER & FOOD

能讓各種類型的啤酒更美味的，
是適合它的菜。
挑選適合啤酒的菜，
享受出色的餐酒搭配吧！

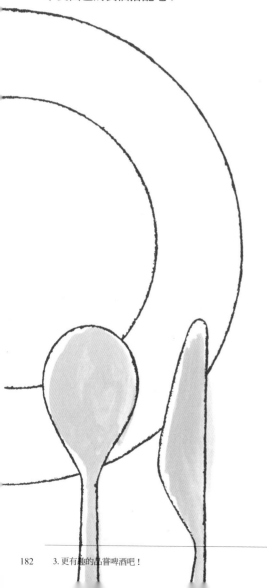

## 只要配合食材的顏色就能作出餐酒搭配了

　　啤酒不管類型、香氣和風味都非常多樣化，跟料理一起享受的方式也很多。這裡介紹幾個選擇適合啤酒的料理時要注意的重點。

　　首先，如果是德國啤酒就選擇德國料理，因為啤酒產地的料理通常也會跟啤酒很合。或是調查啤酒原料以及製作方法，由此尋找適合的食材以及烹調法。譬如以帶有辛香感的啤酒花釀製的啤酒，適合搭配辛香感強的料理；而使用散發出藥草香的啤酒花釀製的啤酒，就適合藥草系的料理。這可作為挑選食材時的參考。

　　「顏色」也是選擇料理的重點之一。食材的顏色要跟啤酒顏色搭配，這樣會比較容易選擇。啤酒要品嘗後才會知道其風味和香味，但是外觀的顏色卻是一眼可知。不要太講究品牌和地區、類型，先從時尚感依顏色搭配看看吧！

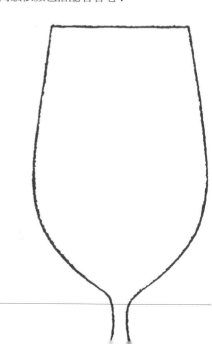

挑選適合啤酒的菜

Beer Color
# Gold
（金色）
×
鹽
solt
+
Gold Food

## 金黃色啤酒搭配鹽味料理
## 醬油味料理搭配愛爾較佳

　　散發出金黃色，稱為金黃拉格的啤酒，大部分都很容易入口且口感輕盈。適合一起享用的料理，通常是能讓人聯想到金黃色的菜。像是炸到酥脆的，或是法式清湯熬煮的，或是使用雞高湯的料理。而最好是用鹽來調味。

　　日本人常喝的拉格啤酒，其實含有比較強烈的魚腥味或醬油裡所含的硫磺化合物等味道。如果在意的話，就算都是金黃色，最好還是選擇愛爾啤酒來搭配。順帶一提，毛豆和豆腐等大豆食品要是跟拉格啤酒一起享用的話，可能會有生澀的味道。

　　拉格啤酒很容易入喉。非常適合跟料理一起搭配，在用餐時飲用。

## 主要啤酒

**〈愛爾〉**
· Bass Pale Ale
· Duvel
· Yona Yona Ale

**〈拉格〉**
· Yebisu Beer
· Pilsner Urquell
· Hofbräu Original Lager

## 推薦的料理

· 馬鈴薯料理
（炸薯條、馬鈴薯沙拉、奶油馬鈴薯等）
· 炸物
（炸天婦羅，撒上鹽巴調味，不沾醬料的可樂餅等）
· 鹽味雞肉料理
（鹽味烤雞肉、八寶菜等用雞高湯烹調的中式料理）
· 法式清湯料理
（高麗菜捲、法式蔬菜牛肉鍋、手抓飯等）

挑選適合啤酒的菜

Beer Color
# White
（白色）
×
醋
vineger
+
White Food

## 溫醇的白啤酒
## 就要選清爽的沙拉醬

　　比利時的白啤酒，苦味較少，帶有小麥的甜，橘皮和芫荽子等香氣溫和、風味清爽的成分。這種類型的啤酒適合淋沙拉醬的白蘿蔔或蕪菁沙拉，或淋了糖醋醬的豆腐、白肉魚冷盤等，白色食材以酸甜醬汁來調味的料理。

主要啤酒

· Hoegaarden White
· Edelweiss Snowfresh
· 箕面啤酒柚子HO和ITO

推薦的料理

· 使用優酪乳與酒粕的料理
· 青木瓜沙拉
· 香蕉甜點或料理

## 褐色帶烘焙香的啤酒
## 就適合醬油的焦香味

　　褐色啤酒有將麥芽烘焙出香味的棕色愛爾、深色啤酒、老啤酒或嚴規熙篤會啤酒等經過熟成的啤酒。風味香醇且有適當的苦味，所以跟煎烤成褐色的烘烤系料理，以及使用醬油、堅果或芝麻等的焦香料理很搭。另外跟蕈菇類或帶豐富油脂的秋刀魚等秋天的食材也很適合。

主要啤酒

· Weltenburger Kloster Barock Dunkel
· Orval
· Newcastle Brown Ale

推薦的料理

· 核桃或杏仁等堅果類
· 醬油燒肉　　· 牛蒡絲
· 照燒肉丸或漢堡肉

挑選適合啤酒的菜

Beer Color
# Brown
（茶色）
×
醬油
soy sauce
+
Brown Food

Beer Color
# Black
（黑色）
×
# 味噌
miso
+
Black Food

## 厚重的黑啤酒
## 適合費工燉煮的味噌料理

像是波特、司陶特、黑啤酒等深色啤酒，帶有烘烤過的苦和甜，以及醇厚感，不只顏色深，風味也很強健。如果搭配純釀造醬油，或是鰻魚醬汁、八丁味噌、牛肉醬、巴薩米克醋等顏色較深的調味料，就能夠帶出彼此的美味。

### 主要啤酒

· Köstritzer Schwarzbier
· Murphy's Irish Stout
· Fullers London Porter

### 推薦的料理

· 燉牛肉　　· 墨魚汁義大利麵
· 燉內臟　　· 味噌烏龍麵
· 巧克力

## 紅色且有酸味的啤酒
## 適合水果和甜點

紅色啤酒的代表水果啤酒，因為有明顯的酸味和甜味，所以適合作為餐前酒或餐後酒。跟帶甜味的開胃小菜、水果、甜點也很搭配。櫻桃啤酒可以跟櫻桃一起品嘗，跟添加甜味後製成的甜點也相當搭。另外，也推薦搭配起司製作的前菜。

Beer Color
# Red
紅色）
×
# 甜點
sweets
+
Red Food

### 主要啤酒

· Boon Framboise
· Lindemann Cassis

### 推薦的料理

· 番茄沙拉
· 紅色果凍
· 卡門貝爾起司和果醬
· 草莓塔

# 在家享受啤酒

啤酒是不講究場地，跟誰都可以一起品嘗的酒，
但對我們來說，似乎比較常「在家裡喝」。
讓我們一起悠閒自在地享受美味的啤酒吧！

## 讓啤酒更美味的倒酒方法

增加啤酒
的美味
**3** 次倒酒法！

最常在家裡喝的應該是罐裝啤酒吧！只要學
會達人的「3次倒酒法」，不論啤酒的狀態如
何，都可以倒出美麗又美味的啤酒。

第**1**倒 ➡ 第**2**倒

### 從上而下，
### 一鼓作氣的倒酒

把杯子放在平整的桌面上，
一鼓作氣把啤酒倒到杯子
的一半。啤酒罐和杯子保持
30公分左右的距離，會產
生漂亮的泡沫。

### 等泡沫安定下來

等大泡沫慢慢地消失。啤
酒會從杯底慢慢的往上升
高，可以看到泡沫變細緻。
等到啤酒和泡沫的比例變成
5:5。

### 緩慢的第2次倒酒

倒第2次時，啤酒罐靠近杯
緣，慢慢地小心的倒酒。這
樣做的話，拿起酒杯喝的時
候，酒帽才不會被破壞。

# 不管是瓶裝或罐裝，只要分成3次倒，就會產生美麗的啤酒泡沫

　　好喝啤酒的絕對條件就是要有綿密的啤酒泡沫。前面也提過，啤酒泡沫具有防止啤酒劣化和氣泡消失的功能，是非常重要的要素。倒出細緻的泡沫，讓啤酒的美味不容易消失，那麼即使在家裡也可以喝到狀態最佳的啤酒。

　　儘管如此，應該有不少人倒好啤酒後，泡沫一下子就消失了吧。所以我們在此推薦「3次倒酒法」。啤酒分成3次倒進杯裡，任何人都能倒出漂亮的啤酒泡。

　　請先準備一個比較大的啤酒杯。杯子

傾斜的話，泡沫就不容易形成，所以把它放在平整的桌面上。重點是等大泡沫安定下來，泡沫變細緻了之後，再繼續倒啤酒。按照杯子大小會有差異，但分開3次倒的時間大概是2分鐘多。要是沒有耐心，一口氣就倒完的話，大泡沫很快就會消失了。

　　3次倒酒法是啤酒製造商也推薦的倒酒方法。多練習幾次，掌握到訣竅，那麼在家也可以喝到美味的啤酒。瓶裝啤酒就不用說了，但即使是在家最常喝的罐裝啤酒，也請一定要嘗試看看。

第**3**倒

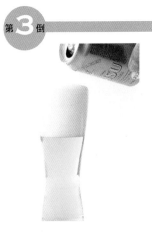

### 再等泡沫消失

倒到九分滿時，先暫停一下，等泡沫安定下來。啤酒和泡沫的狀態，大概是6:4的比例。

### 緩慢的倒滿

沿著杯緣慢慢的倒進去，小心不要破壞啤酒泡。皮爾森等泡沫較多的啤酒，最好是倒至泡沫超過杯緣1.5公分。

### 啤酒和泡沫的比例是7:3

啤酒和泡沫呈7:3的比例是最完美的。多練習幾次，應該就能掌握到訣竅了。

在家享受啤酒

正確的保存，保留美味

# 基本的保存和冷卻方法

## 太冰、結凍、高溫都NG！
## 也要小心保管場所飄散的氣味

有不少人認為啤酒就要冰到透心涼才好喝，但如果太冰的話，反而會影響到啤酒的風味。

放在零度以下的環境冰鎮，會使啤酒結凍。就算沒有結凍，太冰的話啤酒可能會變混濁。不論是哪種情形，都會讓啤酒失去原本的風味。而且結凍還可能造成容器破損，非常危險。酒精濃度越低的啤酒越容易結凍，也請注意。

另一方面，高溫保存會讓啤酒走味、變色。尤其不能保存在會直接照到太陽的地方。因為陽光會讓啤酒產生如燒焦橡膠般的味道（日光臭）。

考慮到上面幾點，啤酒最好放在陰涼的地方保存，要喝之前再放進冰箱冰鎮。放在冰箱保存的話，應該要避免會直接吹到冷氣的位置，或是震動較大的冰箱門邊。

而且瓶裝的瓶蓋和鋁罐容易吸收氣味，放在接近鹽和醬油的地方，瓶蓋和鋁罐可能會被腐蝕，讓其他氣味跑進去，應該也要避免。最好也不要放在像是醃漬物、煤油等氣味較強烈的物品旁邊。

# 調配屬於自己的啤酒

## Half & Half 的製作方法

### 倒酒順序不同，風味也會不一樣

習慣了皮爾森啤酒的日本人，或許對司陶特等味道較濃烈的啤酒難以接受。

但如果想要品嘗世界各種不同啤酒的話，深色啤酒終究會想嘗試一下。這時我會們會推薦Half & Half：淡色和深色啤酒各倒進一半，這樣比起直接喝深色啤酒更容易入口，也能夠享受深色啤酒的特色。

其實Half & Half會因為倒酒順序的不同，而改變顏色。先倒淡色啤酒的話，會產生白色泡沫，而先倒深色啤酒的話，泡沫就會帶點顏色。

不曉得要選什麼啤酒時，就先選已經喝慣的品牌吧。因為原料和釀製方法會有共同點，而且同一品牌的啤酒也會比較搭。比例除了5:5外，也可以嘗試1:3等其他比例，按照當天的心情調配出不同風味和香氣的啤酒。習慣了之後，再去挑戰其他啤酒類型，找到專屬於自己的啤酒吧！

享受啤酒的方式一下子多了起來

# 啤酒雞尾酒的製作方法

### 基本上啤酒要最後才倒

不太會喝酒的人，或是不喜歡啤酒苦味的人，可以試試啤酒雞尾酒。

想要減少酒精的話，可以試試Red Eye。根據最新的研究顯示，番茄所含的成分能幫助體內酒精的分解。想要減少苦味的話，可以嘗試加了葡萄柚等柑橘類果汁的Panache。啤酒花含有柑橘類的香味，所以跟帶有酸味的水果很搭。天冷時，可以選擇帶有甜味的熱啤酒。可以放進微波爐加熱，但最好還是用小鍋直接加熱，這樣會比較順口。

調製的重點是「最後才加啤酒」。這樣才能做出有綿密泡沫的啤酒雞尾酒。啤酒的類型和一起調製的食材、分量等，沒有硬性的規定。請按照喜好調配出各種風味的雞尾酒吧！

也推薦給不太能喝啤酒的人
啤酒雞尾酒酒譜

**Red Eye**

啤酒(皮爾森)：
番茄汁
=1：1
杯中倒入一半的番茄汁，接著再倒啤酒進去。依喜好可加鹽、胡椒或是檸檬。

**葡萄柚Panache**

啤酒(皮爾森)：
葡萄柚汁
=1：1
杯中倒入一半葡萄柚汁，然後再倒啤酒。Panache是混合的意思。

**熱啤酒**

黑啤酒(司陶特)…350ml
黑砂糖…1大匙
肉桂…適量
把啤酒倒進鍋中，以小火來加熱。加熱到50~60℃左右，把糖放入攪拌。倒進杯子裡，撒上肉桂粉。

# 啤酒
# 用語

喝啤酒時，以及跟別人聊到啤酒時，只要對啤酒用語多一些了解，相信會有不同的樂趣。下面介紹的是一些最基本的啤酒用語。

## IBU（國際苦味單位）

測量啤酒苦味的單位。International Bitterness Units的簡稱。苦味越強烈的，數值就越大。

## 香氣

表現啤酒的用語之一，是指鼻腔聞到的香氣。包括了來自麥芽、啤酒花的香氣，以及發酵時產生的香氣。

## 色澤（SRM、EBC）

釀製啤酒時使用的麥芽種類決定了啤酒顏色的深淺。SRM主要是在美國使用，是啤酒和麥芽粒的色度單位。EBC則是歐洲使用的單位。數值越大顏色越深。

## Widget

調整氣壓的特殊膠囊。開罐的瞬間會刺激啤酒，所以能產生綿密的泡沫。健力士啤酒會使用。

## 愛爾（頂層發酵）

在15~25℃的發酵溫度中釀製，使用頂層發酵酵母的啤酒總稱。大多都帶有果香。

## 酯類

發酵過程中，從酸和酒精產生的化合物。帶有香蕉、西洋梨、蘋果的果香。

## 異味

啤酒中不好的味道。通常是釀製發生問題，或者是細菌的汙染，甚至是不正確的保存都可能引起。

## 外觀

表現啤酒的用語之一，啤酒的色澤、透明度、泡沫等倒入杯中的狀態。每一種類型都有不同的標準。

## 焦糖香

接近蜂蜜、奶油糖、醬油、巧克力、咖啡香味的總稱。大多來自麥芽的香氣。

## 性格

指個性、風味。表示麥芽和啤酒花個性時使用。

## 精釀啤酒

啤酒釀酒師小規模生產的啤酒。日本的「在地啤酒」也算。

### 酵母

釀製啤酒時不可或缺的材料，能將糖分解成酒精和二氧化碳的微生物。頂層發酵酵母在發酵的時候，會跟著二氧化碳泡沫浮在表面。底層發酵酵母則是在發酵後期凝聚沉澱在底部。有時會不使用純種培養的酵母，而是利用存在於啤酒廠內的野生酵母來釀製啤酒。

### 醇厚、爽冽

表現原料和酒精的香氣和風味平衡的用語。留下糖分，味道濃郁的稱為「醇厚」，而沒有任何殘留，非常清爽的稱為「爽冽」。

### 小麥啤酒

除了大麥麥芽外，有些啤酒會使用小麥麥芽或小麥。德國的小麥啤酒，比利時的小麥白啤酒最為著名。

### 酒類製造許可證

允許釀製酒類的許可證。也稱為酒造許可證。規定了一年的最低製造數量，啤酒是60kl。要是連續3年的製造量都低於標準的話，許可證就會被取消。

### 酒類販售許可證

能販售酒類的許可證。也有酒類批發許可證和一般酒類販售許可證等。

### 自然發酵

不像愛爾和拉格使用培養出來的酵母，而是使用大自然中浮遊的野生酵母釀製。比利時的自然酸釀啤酒最有名。

### 新類型

稱為「第3啤酒」的酒精飲料。以「不使用麥芽」、「將蒸餾酒混入發泡酒」的方法釀製。

### 類型

啤酒的分類法。依照原料、製法、酒精濃度、顏色、香味、苦味等來分類。

### 煙燻香

燻製原料的麥芽所產生的煙燻香味。是煙燻啤酒才會有的香氣。而司陶特也有淡淡的煙燻香。

### 丁二酮

帶來奶油糖和奶油風味的發酵生成物。跟英國的愛爾很搭，但跟拉格卻格格不入。

### 氣

發酵時產生的二氧化碳。讓啤酒有較好的口感，並且也能預防香味成分變質。

### 單寧

含於麥芽的一種多酚類。如果氧化的話，啤酒就會變苦澀，顏色也會改變。

### DMS

類似玉米罐頭的味道。是煮沸時間過短，或是細菌汙染所產生的異味。

### 低溫白濁

啤酒太冰而出現的混濁情形。因啤酒所含的蛋白質凝固而產生，也是品質變差的原因。

### Draft Beer

未經過熱處理的啤酒。又稱為「生啤酒」。Draft的意思是「汲取」，本來是用來表示從酒桶汲取出啤酒的用語。

### 糖化

釀製程序之一。因麥芽中的酵素發揮作用，將澱粉分解轉換成糖。

### 糖質OFF

糖質是將碳水化合物中的食物纖維去除之後，剩下的以糖為主的物質總稱。糖類和糖醇等都屬之。糖質OFF就是去除糖質。

### 糖類

包含糖質的物質，指砂糖、乳糖等雙糖，以及葡萄糖和果糖等單糖。

## 烘焙香
烤焦的香氣。深色愛爾、司陶特、波特等的麥芽香。

## 日光臭
因啤酒直接照射到太陽所產生，像是燒焦橡膠的難聞氣味。

## 熱處理
為了將熟成好的啤酒商品化而進行的殺菌作業。經過熱處理之後，就能長期保存了。

## 伯頓化（硬化處理）
將軟水變成硬水的工程。因誕生淺色愛爾的英國特倫河畔伯頓鎮而得名。

## 混合
啤酒的釀製方法之一。混合了不同的原料和釀製方法，釀製出的啤酒並沒有限定是哪一種類型的。

## 品脫
容量的單位。能容納1品脫容量的啤酒杯稱為品脫杯，主要是英國和美國啤酒會使用。但是英國的UK品脫是568ml，而美國的US品脫是473ml。

## 麥芽
啤酒的主要原料之一。指已經發芽的麥子。

## 瓶內發酵
結束了一次發酵後的啤酒在裝瓶時，連同酵母和砂糖放入瓶內進行第二次發酵。著名的有比利時的奇美等酒廠。

## 酚類（phenolic）
表現香味的用語。類似丁香的氣味。

## 副原料
啤酒原料之一，主要是用來調整啤酒的味道。日本酒稅法規定「麥子之外，其他規定可以使用的物品」，能夠使用的副原料是特定的。

## 風味
表現啤酒的用語之一，用鼻子感受的氣味，再加上舌頭感受的味道。也稱為「香味」。

## 頂級啤酒
強調原料和釀製方法，高級取向的啤酒總稱。

## 搭配
形容啤酒和食物的美味關係。

## 酒帽持久性
泡沫的穩定性。

## 啤酒花
啤酒的原料之一，能產生啤酒獨特的苦味和香氣。

## 酒體
表現啤酒的用語之一，啤酒通過喉嚨時能感受到的強弱。

## 野生酵母
浮遊在空氣中的天然酵母，使用於自然發酵。

## 拉格（底層發酵）
在10℃前後的溫度釀製，使用底層發酵酵母發酵的釀製方法。用此方法釀製出的拉格啤酒，帶有爽快的口感。

## 真愛爾
英國的傳統啤酒，未經過過濾和熱處理，而是在容器內做第二次發酵。啤酒品質是由酒吧自行管理，在最佳飲用時機提供。因為是存放在酒桶管理，所以又稱為桶內熟成啤酒。

# 以圖表了解啤酒類型

## BEER STYLE GENEALOGY

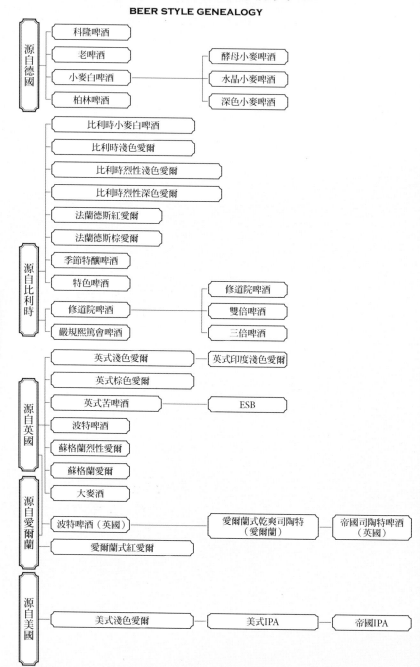

頂層發酵

源自德國
- 科隆啤酒
- 老啤酒
- 小麥白啤酒
  - 酵母小麥啤酒
  - 水晶小麥啤酒
  - 深色小麥啤酒
- 柏林啤酒

源自比利時
- 比利時小麥白啤酒
- 比利時淺色愛爾
- 比利時烈性淺色愛爾
- 比利時烈性深色愛爾
- 法蘭德斯紅愛爾
- 法蘭德斯棕愛爾
- 季節特釀啤酒
- 特色啤酒
- 修道院啤酒
  - 修道院啤酒
  - 雙倍啤酒
  - 三倍啤酒
- 嚴規熙篤會啤酒

源自英國
- 英式淺色愛爾 — 英式印度淺色愛爾
- 英式棕色愛爾
- 英式苦啤酒 — ESB
- 波特啤酒
- 蘇格蘭烈性愛爾
- 蘇格蘭愛爾
- 大麥酒

源自愛爾蘭
- 波特啤酒（英國）— 愛爾蘭式乾爽司陶特（愛爾蘭）— 帝國司陶特啤酒（英國）
- 愛爾蘭式紅愛爾

源自美國
- 美式淺色愛爾 — 美式IPA — 帝國IPA

194

要了解啤酒特徵就要先知道它們的類型。
超過100種以上的類型要全部了解可能很難。我們舉出
代表每一種類型的啤酒，然後按照發源地以圖表方式來介紹。

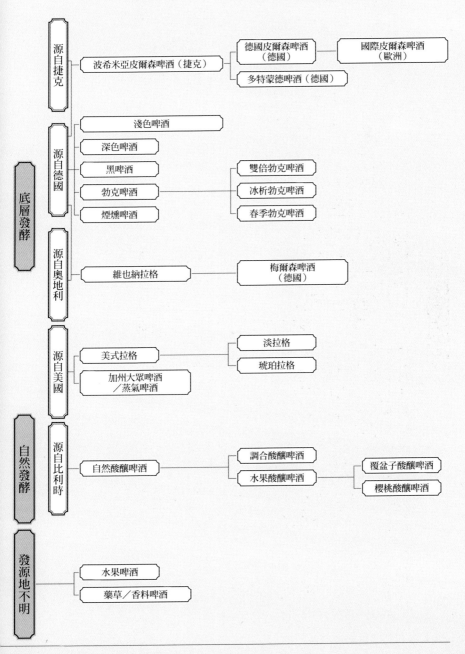

圖解
# 開始享受啤酒的第一本書

2015年9月初版　　　　　　　　　　　定價：新臺幣350元
有著作權・翻印必究
Printed in Taiwan.

監　修　一般社団法人日本ビール文化研究会、
　　　　日本ビアジャーナリスト協会

譯　　者　張　秀　慧
審　　訂　鍾　偉　凱
發 行 人　林　載　爵

出　版　者　聯經出版事業股份有限公司
地　　　址　台北市基隆路一段180號4樓
編輯部地址　台北市基隆路一段180號4樓
叢書主編電話　(02)87876242轉229
台北聯經書房　台北市新生南路三段94號
電　　　話　(02)23620308
台中分公司　台中市北區崇德路一段198號
暨門市電話：(04)22312023
台中電子信箱　e-mail：linking2@ms42.hinet.net
郵政劃撥帳戶第0100559-3號
郵撥電話　(02)23620308
印　刷　者　文聯彩色製版印刷有限公司
總　經　銷　聯合發行股份有限公司
發　行　所　新北市新店區寶橋路235巷6弄6號2樓
電　　　話　(02)29178022

叢書主編　李　佳　姍
校　　對　陳　佩　伶
封面設計　江　宜　蔚

行政院新聞局出版事業登記證局版臺業字第0130號

本書如有缺頁，破損，倒裝請寄回台北聯經書房更換。　ISBN　978-957-08-4601-0（平裝）
聯經網址：www.linkingbooks.com.tw
電子信箱：linking@udngroup.com

写真／ピノグリ（橋口健志、関根統）
イラスト／根岸美帆
デザイン／NILSON design studio
　　　　　（望月昭秀、木村由香利、境田真奈美）
執筆協力／日本ビアジャーナリスト協会
　　　　　（Ayako Kogo、富江弘幸、根岸絹恵、野田幾子、藤原ヒロユキ、
　　　　　三輪一記、矢野竜広）
編集・構成／3season Co., Ltd.
　　　　　（花澤靖子、湯田美喜子、佐藤綾香）
企画／成田晴香（Mynavi Corporation）

BEER NO ZUKAN
Copyright © 2013 3season Co., Ltd.
All rights reserved.
Original Japanese edition published by Mynavi Corporation
This Traditional Chinese edition is published by arrrangement with Mynavi Corporation,
Tokyo in care of Tuttle-Mori Agency, Inc., Tokyo through Keio Cultural Enterprise Co., Ltd.,
New Taipei City, Taiwan

本書中所述是以出版時的日本國內法為基準，在日本國外使用時則須依照
該國法律為準

國家圖書館出版品預行編目資料

**開始享受啤酒的第一本書**/一般社団法人日本
ビール文化研究会、日本ビアジャーナリスト協会監修 .
張秀慧譯 . 初版 . 臺北市 . 聯經 . 2015年9月（民104年）.
200面 . 14.8×21公分（圖解）
ISBN　978-957-08-4601-0（平裝）

1.啤酒　2.品酒　3.製酒

463.821　　　　　　　　　　　　　　　104013859